南海文库

主编 朱锋 沈固朝

中国南海蓝色经济区的构建与探讨

于文金 邹欣庆 著

南京大学出版社

作者简介

于文金，男，1967 年 3 月生，山东省淄博市人。南京信息工程大学教授、博士生导师，南京信息工程大学江苏省海洋可持续发展研究中心团队负责人，美国加州大学高级访问学者，江苏省环境规划学科带头人，2009 年入选国家海洋专家库。主要从事海岸带环境、3S 气象灾害评估及海岸带管理等领域研究，通过多年研究，创建了单项指标与综合指数相结合的评估方法，首次发现江苏王港潮滩 PB 的底值，在野外地质考察工作中创造了以遥感、电法与实地地质考察判断相结合来判定地质构造的实际应用方法并取得了良好的效果，在 3S 技术气象灾害精细评估、利用非线性方法进行环境评估和气候变化区域响应方面均有所建树。目前是国家湿地可持续利用专业委员会理事、中国灾害防御协会风险分析专业委员会会员、中国地理学会会员、中国地理学会海洋地理专业委员会委员、中国第四纪研究会海岸海洋专业委员会会员、江苏地理学会常务理事。是《地理学报》《生态学报》《海洋学报》等多家权威期刊以及 *Journal of Earth Science & Climatic Change*，*Climatic Change*，*Ocean Acta* 等 SCI 期刊审稿专家，主持及参与科研项目 20 余项，发表学术论文 80 余篇，参编《中国海洋地理》等。

邹欣庆，男，1964 年 10 月生，南京大学教授、博士生导师。LEAD 组织中国国家理事，加拿大滑铁卢大学环境学院兼职教授，世界银行学院咨询顾问，2011 南海协同创新中心核心人员，主要从事海洋地质、海岸带管理等研究，已发表论文 100 余篇，专著 3 部。是中国地理学会海洋地理专业委员会委员，中国第四纪研究会海岸海洋专业委员会主任委员，江苏地理学会理事。

内容简介

　　本书从世界海洋经济发展的现状入手,从世界区域一体化、海洋经济区域化的角度,总结了世界海洋经济发展的现状、特点以及演化趋势,简述了蓝色经济区的提出、演化以及发展现状。从南海的海洋构成要素、发展条件、在我国海洋经济中的战略地位等方面阐述了建设南海蓝色经济区的必要性,分析了南海蓝色经济区的区域协作模式及发展前景,通过对比借鉴国外发达国家的经验,对我国南海蓝色经济区的构建提出了设想、规划和探讨,这一构建对我国海洋发展战略和蓝色经济发展具有一定的现实意义。

　　本书角度新颖,紧紧把握世界蓝色经济发展的新趋势,论述观点独到,可供交通、水利、环保、海洋经济、海洋地理、海洋气象、区域经济、外交等行业的专业人员使用,为业务管理和国家外交、海洋、渔业、军事部门决策管理提供依据,为相关领域科研人员和研究生提供参考。

前　言

众所周知,蓝色的海洋占据地球表面积的 73%,海洋是人类存在与发展的资源宝库和最后空间。辽阔的海洋蕴藏着丰富的生物、矿物、化学、能源等各种自然资源,堪称是地球上一座巨大的"蓝色资源宝库",海洋也蕴藏着巨大的能量,可供开发利用的总量在 1 500 亿千瓦以上。在人类社会面临地球表面"资源日趋枯竭、环境日益恶化和人口不断增加"三大威胁的今天,随着各国海洋战略意识的增强和现代海洋科学技术的发展,各沿海国都把发展海洋经济作为新世纪的战略重点,纷纷将目光投向这一个拥有具有巨大开发潜力的蓝色经济领域。随着海洋科学和海洋工程的发展,沿海各国开发利用海洋的规模日益扩大。在全新技术革命的推动下,世界海洋经济的发展突飞猛进。2001 年,联合国正式文件中首次提出了"21 世纪是海洋世纪"。今后 10 年甚至 50 年内,国际海洋形势将发生较大的变化。海洋将成为国际竞争的主要领域,包括高新技术引导下的经济竞争。发达国家的目光将从外太空转向海洋,人口趋海移动将加速,蓝色经济正在并将继续成为全球经济新的增长点。

国内外学者对南海经济区已有所研究,美国等西方学者专家提出的华人经济圈或华人网络,主要是指东南亚地区。中国大陆、香港、澳门和台湾学者提出南中国海经济圈,即以香港、台湾、澳门的资金和技术结合大陆沿海的资源和劳动力,发展外向型经济。目前,世界上的经济共同体可归纳为以下几种:欧盟类型,各成员国社会制度和发展水平相近,通过产业水平分工追求规模经济效益;北美自由贸易区类型,各成员国经济发展水平差异较大,围绕核心国形成区域性市场体系,并形成有一定排他性的自由贸易区域;"雁行模式",以经济大国为领头雁形成产业体系,各合作成员间形成以垂直分工为主的产业联系;"增长三角",利用不同国家毗邻地区经济的互补性,以市场机制为基础的跨国或跨地区经济合作区。作者认为,南海经济圈与传统的经济体有所区别,它是围绕环南海地区地域性的"跨国次区域经济区"（SREZS），可称作"区域一体化的亚洲解决途径"。它的特点是：资源互补性和比较优势、地理接近性和良好的基础设施是开展这种区域经济合作的基本条件；通过资源合并、资源共同开发和产业互补来促进区域经济合作，融合发达经济和欠发达经济的经济资源因素，通过开发规模经济和加强地理集聚来提高竞争能力和经济效益。作者认为，南海蓝色经济区是指环南海区域的国家和地区以南海海洋资源开发为中心，以港口、深水航线、沿海公路铁路、航空线为联系纽带，以沿海港口重镇、沿海工业带、重要海岛、海上交通线等发展轴线为依托，对内在市场、信息、劳务、金融和科技等方面紧密合作，对外开放的，以海洋产业为主体、海陆兼顾、多元化、多层次的区域经济共同体。通过南海经济圈这一区域共同体的建设，充分发挥区域规模效益和地域竞争力，促进南海问题的解决，实现和平、高效、环保、公平地开发利用南海资源，并且区域内参与各方双赢或多赢的局面。

由于南海海域辽阔、资源丰富，南海资源开发的合作领域十分广阔，如海洋渔业、海洋运输、海洋生物制药、海洋旅游、海洋能源矿产、海洋开发技术，等等。南海资源的合作开发，既是一个重大的经济问题，也是一个严肃的政治问题，又是一个时间维度较长的问题，因而必须建立长期稳定的合作机制，不同的海域开发选择不同的合作模式。借鉴历史经验和国外经验，本书认为，应在坚持主权属我的框架下，探索南海资源开发的合作模式。

本书由于文金设计构思框架，拟定大纲，于文金负责书稿第一、三、五章撰写，邹欣庆负责第四、六章撰写，于步云、刘韬、岳爱东负责插图，付杰、苏荣完成全文校对和修改。南京大学王颖院士、朱大奎教授对本书提出了宝贵意见，南京大学 2011 南海协同创新中心和南京信息工程大学为本书提供了资助，南京大学出版社给予了大力协助并提出了宝贵意见，在此一并感谢。

由于作者的水平所限，对于本书的疏漏和失误之处，恳请读者给予批评指正。

著　者

2014. 12. 1

目　　录

1 蓝色经济区提出的背景

1.1 当今世界海洋经济发展现状和趋势

蓝色的海洋占据地球表面积的 73%,海洋是人类存在与发展的资源宝库和最后空间。辽阔的海洋蕴藏着丰富的生物、矿物、化学、能源等各种自然资源,堪称是地球上一座巨大的"蓝色资源宝库"。据科学家估算,全球海洋中约拥 50 万种动物,其中仅鱼类就有 2 万余种,生物资源总量达 26 万亿吨,海洋储存着相当于陆地上全部农产品 1 000 倍的食物。目前世界近海陆架区已探明石油地质储量 1 450 亿吨,占世界石油总储量的 45%;天然气地质储量 43 万亿立方米,占世界天然气总储量的 1/3。另外,海洋也蕴藏着巨大的能量,可供开发利用的总量在 1 500 亿千瓦以上。

20 世纪 60 年代以来,开发利用海洋资源、发展海洋经济越来越受到世界各国的重视。早在 1960 年,法国总统戴高乐就提出"向海洋进军"的口号。1967 年法国政府成立海洋部,统管全国的海洋事务。20 世纪 80 年代美国就预言:"21 世纪将是海洋开发的世纪。"这个预言已成为当今国际经济发展的主要态势。

在人类社会面临地球表面"资源日趋枯竭、环境日益恶化和人口不断增加"三大威胁的今天,随着各国海洋战略意识的增强和现代海洋科学技术的发展,各沿海国都把发展海洋经济作为新世纪的战略重点,纷纷将目光投向这一个具有巨大开发潜力的蓝色经济领域。随着海洋科学和海洋工程的发展,沿海各国开发利用海洋的规模日益扩大。21 世纪,海洋产业作为世界各国的战略重点,将成为全球经济新的增长点,开发海洋已成为人类社会发展资源可持续利用的重要领域。在全新技术革命的推动下,世界海洋经济的发展突飞猛进。

当前,世界海洋发展错综复杂,呈现出以下趋势特点:

1.1.1 世界海洋经济发展增速超过陆上 GDP

20 世纪 50 年代以来,世界海洋经济快速增长,各海洋产业发展迅速。20 世纪 70 年代初,世界海洋产业总产值约 1 100 亿美元,1980 年增至 3 400 亿美元,1990 年达到 6 700 亿美元,2001 年达到 13 000 亿美元。海洋经济已经成为沿海各国(地区)国民经济的重要组成部分。据欧洲委员会(the Council of Europe)的研究估计,海洋和沿海生态系统服务直接产生的经济价值每年在 180 亿欧元以上;临海产业和服务业直接产生的增加值每年约 1 100 亿~1 900 亿欧元,约占欧盟国民生产总值(GNP)的 3%~5%;欧洲地区涉海产业产值已占欧盟 GNP 的 40%以上。The Allen Consulting Group 报告统计,2003 年澳大利亚海洋产业的增加值为 267 亿美元,占所有产业增加值的 3.6%,提供了大约 253 130 个就业岗位,与海洋产业相关的其他产业产生的经济增加值高达 460 亿美元,创造了 690 890 个工作岗位。

从海洋经济总量来看,20 世纪 60 年代末,世界海洋经济产值仅 130 亿美元,1992 年为 6 700 亿美元,2001 年达到 13 000 亿美元。据《海洋产业全球市场分析报告》预测,2009 年全球海洋经济总量可增长到 45 000 亿美元。在 30 多年里,海洋产值每十年就翻一番,增长速度远远高于同期 GDP 的增长。海洋经济在世界经济中的比重,1970 年占 2%,1990 年占 5%,目前已达到 10%左右,预计到 2050 年,这一数值将上升到 20%。美国海洋经济产值在 20 世纪 70 年代初仅约 300 亿美元,80 年代投资了 1 000 亿美元开发海洋经济,到 90 年代初海洋经济产值已达 3 500 亿美元,占世界海洋经济产值近 1/3;挪威通过开发海洋石油,一举摘掉了穷国的帽子,成为北欧富国之一,目前 70%的国家财政来自海洋的开发利用。海洋经济已成为许多沿海国家经济发展的支柱,并成为沿海国家经济新的增长点。世界上 75％的大城市、70％的工业资本和人口集中在距海岸 100 公里的海岸带地区,一个全新的海洋经济时代已经来临。

1.1.2 呈现区域化、集团化的海洋经济发展趋势

在新技术革命浪潮的推动下,新一轮海洋开发高潮来临,整个世界海洋经济发展也表现出一体化、区域化、集团化的趋势。欧盟国家大西洋公约、亚太经合会、东盟共同体等均是这种趋势的产物。海洋大国、地区中小国家、跨国巨头等一系列利益体博弈的结果促成了复杂的海洋经济区域特征。

1.1.2.1 北大西洋公约

第二次世界大战后,美国为了遏制苏联,维护其在欧洲的主导地位,联合西欧一些国家于 1949 年 4 月 4 日正式成立了北大西洋公约组织(北约)。北约的宗旨是:成员国在集体防务和维持和平与安全方面共同努力,通过政治和军事手段,促进欧洲一大西洋地区的民主、法治和福利,保卫成员国的自由与安全。北约成立之初只有 12 个成员国,包括美国、比利时、加拿大、丹麦、法国、冰岛、意大利、卢森堡、挪威、荷兰、葡萄牙和英国。后来北约经过 6 次扩大,成员国逐渐达到 28 个。

60 多年来,随着世界风云变幻,北约不断调整其军事战略。成立初期,北约实行"集体防御"原则,遵循"地区性遏制战略"。华约成立后,北约开始逐步推行"灵活反应战略"和"前沿防御战略"。1991 年华约解散和冷战结束后,北约开始实施"全方位应付危机战略",并通过介入前南斯拉夫地区危机、东扩和推行"和平伙伴关系计划"向东欧和前苏联地区扩展。2001 年"9·11"恐怖袭击后,北约又把打击恐怖主义作为新的行动重点,参与阿富汗战争,其军事力量由欧洲扩展到了亚洲。近年来,北约又在推行新的战略转型,在保留传统职能的同时,执行从军事到民事的广泛任务,如反恐、维和和人道主义援助等。

1.1.2.2 亚太经合组织

亚太经合组织(Asia-Pacific Economic Cooperation,APEC)是亚太地区层

级最高、领域最广、最具影响力的经济合作机制。1989 年 11 月 5 日至 7 日,澳大利亚、美国、日本、韩国、新西兰、加拿大及当时的东盟六国在澳大利亚首都堪培拉举行 APEC 首届部长级会议,标志 APEC 正式成立。APEC 旨在通过推动自由开放的贸易投资,深化区域经济一体化,加强经济技术合作,改善商业环境,以建立一个充满活力、和谐共赢的亚太大家庭。APEC 现有 21 个成员,分别是澳大利亚、文莱、加拿大、智利、中国、中国香港、印度尼西亚、日本、韩国、马来西亚、墨西哥、新西兰、巴布亚新几内亚、秘鲁、菲律宾、俄罗斯、新加坡、中国台北、泰国、美国、越南。

作为经济合作论坛,亚太经合组织主要讨论与全球和区域经济有关的议题,如贸易和投资自由化便利化、区域经济一体化、全球多边贸易体系、经济技术合作和能力建设、经济结构改革等。APEC 采取自主自愿、协商一致的合作方式。所做决定须经各成员一致同意。会议成果文件不具法律约束力,但各成员在政治上和道义上有责任尽力予以实施。自成立以来,特别是在领导人非正式会议成为固定机制之后,亚太经合组织在促进区域贸易和投资自由化便利化方面不断取得进展,在推动全球和地区经济增长方面发挥了积极作用。

1.1.2.3 东盟共同体

2003 年 10 月,第九届东盟首脑会议发表了《东盟协调一致第二宣言》,正式宣布将于 2020 年建成东盟共同体,其三大支柱分别是政治安全、经济和社会文化。这标志着东盟将由较为松散的以进行经济合作为主体的地区联盟转变为关系更加密切的、一体化的区域性组织。

为进一步推进东盟一体化建设,2004 年 11 月,第十届东盟首脑会议通过了为期 6 年的《万象行动计划》,以及《东盟安全共同体行动计划》和《东盟社会文化共同体行动计划》,并正式将制订《东盟宪章》列为东盟的一个目标,为东盟共同体建设寻求法律保障。

2007 年 1 月,第 12 届东盟首脑会议决定在 2015 年提前建成东盟共同体。2007 年 11 月,第 13 届东盟首脑会议通过了《东盟宪章》,明确将建立东盟共同体的战略目标写入宪章。与此同时,会议还通过了《东盟经济共同体蓝图》,这是东盟经济一体化建设的总体规划,也是一份指导性文件。2009年,东盟通过了政治安全共同体蓝图、社会文化共同体蓝图以及第二次东盟一体化行动计划蓝图。

此外,东盟还积极加强自身的组织建设,具体措施包括设立由外长组成的东盟协调理事会及政治安全、经济、社会文化3个理事会等。东盟各成员国还同意设立四名副秘书长,分别负责东盟政治安全共同体、经济共同体、社会文化共同体及对外公关和内部管理事务。东盟共同体建设的举措不仅提升了东盟国家的整体影响力,也使世界上其他国家和组织进一步认识到东盟在东南亚地区的重要性。中国、美国、澳大利亚、新西兰、日本等国家已向东盟派出大使级代表。

1.1.3　激烈争夺海洋资源导致国家对海洋权益的强化

海洋是人类的第二生存空间,地球上的陆地总面积为1.4亿平方公里,海洋总面积为3.61亿平方公里,后者是前者的2.4倍。海水覆盖了70%以上的地球表面,形成了巨大的海上区域,影响着世界各地人们的生活,海洋连接着世界各国,包括内陆国家,因为海域——大洋、海、海湾、入海口、岛屿、海岸、沿海地带,以及其上的天空维系着90%以上的世界贸易,是联系各国的生命线。全球化趋势的加快使海洋对人类生存与发展的重要性进一步凸显,它让所有的国家都能参与全球大市场,超过80%的世界贸易通过海上进行,并形成了全球性的海上连接。同时,海洋还向人类提供食物、矿产及其他资源,其蕴藏的资源比陆地丰富。随着陆地资源的大量消耗以及人口的增加,尚未得到完全开发的海洋资源就成了各方竞相争夺的对象。

技术的进步和经济的发展促进了海洋的利用,人类开发海域和海洋资源的能力大幅度提高,越来越多的国家将目光转向海洋,寻求人类生存所需的基本物质资源,因此各国当前都在寻找各种途径强化自身的海洋权益,许多国家还力图扩大自己所管辖的海域,并强调将与海洋有关的调查和科技力量、资源开发力量、保护环境的管理能力等都增加为海洋权益的构成要素,以求获取更多的海洋资源。这些内容特别是强化本国的海洋权益都已体现在多数国家制定的海洋战略和海洋法制之中。

《联合国海洋法公约》（以下简称《公约》）于 1994 年 11 月 16 日正式生效，标志着对海洋的利用和管理进入了一个新的时代，同时也标志着新的海洋法律制度和国际海洋新秩序的确立。《联合国海洋法公约》生效后，国际海洋政治经济环境发生了重大的改变，如按《公约》规定，一个小岛或礁石以 12 海里领海计算，可获得 1 500 平方千米的领海区；以 200 海里专属经济区计算，可得 43 万平方千米的专属经济区。《公约》的生效实施使沿海各国对海洋的认识进入了全新的历史阶段，海洋意识普遍增强，对海洋在社会经济、国防建设等方面所发挥的作用高度重视。发达国家已经把海洋开发作为国家战略加以实施，形成了许多新的海洋观，如海洋经济观、海洋政治观、海洋科技观、海洋地理观，以及新的海洋国土观、国防观、海洋军事空间观等。

但是，毋庸讳言，由于《公约》中某些条款内容模糊，带来了一些不容回避的问题：1. 国家间的海上矛盾加剧，特别是海域狭窄的闭海和半闭海地区，由专属经济区和大陆架划界引起的矛盾日益突出。尤其是 200 海里专属经济区被写入《联合国海洋法公约》以后，世界上将近 1/3 的海洋被置于国家管辖之下。设立 200 海里经济区主要与石油和鱼类有关。它包括了世界 4/5 的渔场和几乎所有可开采的浅海石油。2. 关于海上岛屿和岛礁的主权争端剧增。3. 对海洋空间的占有和资源的争夺日趋激烈。4. 海洋权益纠纷和各种涉海案件频繁。5. 海上管辖范围的扩大，使沿海国的管辖能力受到不同程度的挑战。6.《公约》对专属经济区剩余权利的归属欠缺明示，由军事海洋学调查、沉船打捞和高技术海洋学观测等活动列发的专属经济区管辖权问题已经成为有关国家争论的新焦点。这些问题产生了很多不确定性，引发了国家间的诸多矛盾。

1.1.4　海上安全威胁催生海洋治理，呈现合作与竞争并存态势

海洋资源在人类社会经济发展中起着重要的作用。为了缓解人口、资源、环

境之间日益突出的矛盾,人类对海洋的需求越来越多,依赖性越来越强。同时,随着科学技术尤其是海洋科学技术的迅猛发展,人类对海洋的开发利用强度越来越大,对海洋的影响也越来越深刻。对海洋及其资源的开发、利用、管理及保护,已由依靠军事力量为主的武力控制和自由使用,转向综合管理与合作解决。这主要是因为:一方面,国家之间对海域的管辖权及海洋资源的取得权的对立明显化,致使海洋安全保障环境很不安定;另一方面,无序开发及污染加大了人类对海洋生态系统和环境的破坏,加剧了气候变化问题。世界范围内若出现资源和能源不足问题时,国家之间针对海洋权益的争端和冲突有可能无法避免。因此在海洋资源和海洋环境保护、海洋科技发展等方面加强国家之间的合作,比以往更为重要和紧迫。

与此同时,国际政治的结构在进入 21 世纪以后发生了深刻的变化,因争夺资源和战略通道而导致的冲突越来越转向海洋。许多安全问题,如海盗、石油溢出造成的污染、海上运输通道的安全、非法捕鱼等,都属于海上安全问题。特别是全球化加强了国家间的相互依存,大量的贸易往来尤其是能源靠海上运输通道实现,海上运输通道已成为很多国家的生命线,其安全越发重要,但目前任何一个国家都没有足够的能力来独自保护海上运输通道的安全。上述种种都说明了海洋治理的必要性和重要性。海洋治理(oceans governance)于是被提上议事日程,它是全球治理的重要组成部分,并和海上安全密不可分,除了传统安全外,更涉及非传统安全。

冷战结束后,美国成为唯一的超级大国,世界海洋进入美国独霸时期。奥巴马就任总统后,美国将保持其在太平洋中的主导地位置于战略调整的重点,使世界海洋格局更不平衡。太平洋一直被美国看作是重要的机遇地区,美国重返亚太的战略加剧了亚太地区海洋局势的复杂性。

1.1.5 海洋经济产业链不断升级,海洋经济对科技的依赖性加强

据统计,世界上约有 100 多个沿海国家制定并实施了海洋综合管理计划,加

快了海洋综合开发进程,并在全世界范围内掀起了新一轮的海洋竞争。加快对海洋环境的控测、海洋资源的调查、海洋油气资源的开发和综合利用已成为世界沿海国家科技竞争的焦点以及战略发展的重点和新的经济增长点。开发方式由传统的单项开发向现代的综合开发转变;开发海域从领海、毗连区向专属经济区、公海推进;开发内容由资源的低层次利用向精深加工领域拓展。传统意义上的海洋资源包括"航行、捕鱼、制盐",现在一般认为的海洋资源则包括旅游、可再生能源、油气、渔业、港口和海水六大类。按照普遍的划分方式,海洋三大产业中的第一产业包括海洋渔业(捕捞和养殖),第二产业包括海洋油气工业、海盐业、滨海砂矿业,第三产业包括海洋交通运输业和滨海旅游娱乐业。从整个国际发展态势看,海洋经济在从传统的第一产业为主体向二、三产业为主体转化,产业结构内部也在不断的升级,第三产业的比重日益增大,同时,产业内部结构水平也在不断提升。20 世纪 60 年代以前,主要海洋产业是海洋捕捞、海水制盐和海洋航运业,70 年代以来,海洋油气开发、海水增养殖(海洋农牧化)、海洋旅游和娱乐逐步成为规模越来越大的新兴产业。

与传统海洋经济相比较,现代海洋经济的一大特点就是对高新技术的高度依赖。海洋科技在现代海洋经济的开发进程中扮演着关键的基础性角色,对沿海地区海洋经济综合竞争力有着举足轻重的影响。20 世纪 80 年代以来,美、英、法等传统海洋经济强国以及中国近邻日本、韩国、澳大利亚等国都分别制定了海洋科技发展规划,提出了优先发展海洋高科技的战略决策。日本 1981—2002 年海洋开发研究经费从 393 亿日元增至 964 亿日元,增长 1.45 倍;韩国在《OK(Ocean Korea)21》展望中提出,要通过"蓝色革命"加强韩国的海权,通过发展以科技知识为基础的海洋产业促进海洋资源的可持续发展;澳大利亚拟订了《澳大利亚海洋科学技术发展计划》,通过制定一系列的海洋科学技术发展政策,旨在激励和引导科学技术发展,保护海洋生态环境,提升海洋竞争力,保持其在海洋科技领域的领先地位。

海洋科技的发展使得海洋研究领域不断拓展,而海洋研究领域的拓展又导致海洋开发深度逐渐加深,难度不断加大。20 世纪 50 年代以来,随着科学技术的发展,尤其是深海勘测和开发技术的逐渐成熟,以及科学考察船、载人潜水器、遥控潜水器、深海拖拽系统、卫星等先进设备的使用,人们对海洋的开发开始从近海转向深海,开发内容也由简单的资源利用向高、精、深加工领域拓展。

例如,海上油田开发从勘察、钻探、开采和油气集输到提炼的全过程,几乎都离不开高技术的支持。海洋开发所需要的所有技术几乎都是资金密集、知识密集的高新技术。正由于世界海洋高新技术的迅速发展,才引发全球性的海洋开发热潮,推动了新兴海洋产业的形成及发展。

1.1.6 海洋经济上升为国家战略

进入到 21 世纪,海洋经济几乎引起了所有发达国家的重视,各发达国家纷纷制定海洋战略,并把其纳入到国家发展战略中。美国 1999 年提出了"21 世纪海洋发展战略",2000 年颁布《海洋法令》,2004 年发布《21 世纪海洋蓝图——关于美国海洋政策的报告》及《美国海洋行动计划》。日本是最早制定海洋经济发展战略的国家之一。1961 年,日本成立海洋科学技术审议会并提出了发展海洋科学技术的指导计划,20 世纪 70 年代中期又提出海洋开发的基本设想和战略方针,2007 年国会通过《海洋基本法》,设立首相直接领导的海洋政策本部及海洋政策担当大臣。加拿大于 1997 年颁布《海洋法》,2002 年出台《加拿大海洋战略》,2005 年颁布《加拿大海洋行动计划》。韩国在 1996 年组建海洋水产部,统管除海上缉私外的全部海洋事务,2000 年颁布海洋开发战略《海洋政策——海洋韩国 21》,目标是使韩国成为 21 世纪世界一流的海洋强国。可见,海洋开发这种蓝色经济已经成为推动世界发展的新动力,成为 21 世纪世界经济的热点和希望,随着海洋经济的发展,将有越来越多的国家制定自己的国家海洋战略。随着"海洋"世纪的来临和《联合国海洋法公约》的生效,特别是《公约》内专属经济区和大陆架制度的实施,国际社会尤其是主要海洋大国,出现了争相出台海洋战略和海洋法制的国际趋势,以期在国际、区域相关制度尚未成型和修正完善的背景下,更多地获取海洋及其资源和利益。国际社会的这种趋势,加剧了各国抢占海洋及其资源的力度,使海洋权益争议频发。这就要求我国尽早地制定和实施国家海洋发展战略,否则,我国将会处于被动甚至不利的地位。

2013 年,习近平主席高瞻远瞩,提出了海洋强国的国家战略,这在我国海洋经济发展史上具有划时代意义。21 世纪是海洋的世纪,加强海洋的开发、利用、安全,关系到国家的安全和长远发展,中国适时提出建设海洋大国战略目标,既是着眼于中华民族伟大复兴的需要,也是着眼于我国领土主权和发展权的维护,致力构建"和谐海洋"。中国坚决维护国家海洋权益,建设海洋强国,不但不会对周边国家构成威胁,反而将成为捍卫亚太地区和平稳定的中坚力量。

1.1.7 深海勘探开发和资源开发成为新热点

随着各国经济的飞速发展和世界人口的不断增加,人类消耗的自然资源越来越多,陆地及近海资源正日益减少。在世界各个大洋 4 000～6 000 米深的海底深处,广泛分布着含有锰、铜、钴、镍、铁等 70 多种元素的大洋多金属结核,还有富钴结壳资源、热液硫化物资源、天然气水合物和深海生物基因资源等丰富的资源,具有很好的科研与商业应用前景。最为现实的是深海石油资源,海底石油和天然气储量约占世界总量的 45%。为了开发深海这个人类生存的最后的资源宝库,深海勘探开发已成为 21 世纪世界海洋科技发展的重要前沿和关注的重点。

深海开发对海洋环境会造成一定影响,主要有以下几个方面:第一,采矿系统对海底环境特别是生态系统的影响。在集矿机采集多金属结核的过程中,一方面对采集路径周围海底的动、植物产生干扰和直接破坏;另一方面将对表层沉积物进行搅动,破坏沉积物原有的结构、构造,并使沉积物进入水体形成沉积物云团,这种沉积物云团作用的结果会使光照条件变得更差,并降低水体的清洁度,导致属种类型的减少、丰度大大降低。第二,采矿船废液、废水排放对海洋环境特别是表层水域环境的影响。集矿机将结核收集到一起之后,将利用射流将结核冲洗干净,然后压碎,并将包含破碎结核与海水的泥浆提升到采矿船上。如果再在采矿船上对结核进行处理、加工,则势必将大量尾矿、废水排放到海水中,这些废水、矿渣中含有大量颗粒物质和微量元素,必将对表层海水产生严重的污染作用。第三,陆上加工处理造成的环境影响。在对多金属结核进行陆上加工处理过程中,会产生大量的废弃物,如废水、化学废料,有毒气体等,它们会对周围居民的生活和大气环境以及社会经济、社会环境等产生潜在的影响。

1.2 蓝色经济区的提出

2001 年,联合国正式文件中首次提出"21 世纪是海洋世纪"。今后 10 年甚至 50 年内,国际海洋形势将发生较大的变化。海洋将成为国际竞争的主要领域,包括高新技术引导下的经济竞争。发达国家的目光将从外太空转向海洋,人口趋海移动趋势将加速,蓝色经济正在并将继续成为全球经济新的增长点。

1.2.1 国外关于蓝色经济的研究

目前国际上并未有一个通行的"蓝色经济"与"蓝色经济区"概念,"蓝色经济"(blue economy)一词最早的表述见于 1999 年 10 月 12—13 日,加拿大 AVSL(Am Valle Saint-Laurent)举办了一个名为"蓝色经济与圣劳伦斯发展"的论坛,该论坛的主题是力图通过创新来推动包括水上航运、游客远足、邮轮巡游、海洋运输及环境保护等在内的"蓝色经济"发展领域的投资。此后,2009 年 6 月,以美国国家海洋经济计划(National Ocean Economics Program,NOEP)关于海洋与美国经济的第一份独立报告《美国海洋和海岸经济(2009)》的出台、美国"蓝色经济:海洋在国家经济未来发展中的作用"听证会的召开,以及美国总统奥巴马签署的关于改善海洋、海岸和大湖地区、增强蓝色经济实力发展计划的备忘录为标志,海洋与经济的联系以及海洋在经济中的地位才首次被提升到国家海洋发展战略的高度,关于"蓝色经济"的具体内涵才有了较为明确的诠释。蓝

色经济概念从提出到现在,国外许多学者对其内涵进行了深入探讨与研究,代表性观点如下:

(1) 蓝色经济即海洋经济。国外许多官方表达及公开的报告中对于"蓝色经济"和"海洋经济"这两个概念替代使用。Rockefeller 认为蓝色经济及其重要性在当今得到了很好的见证,从食品到燃料,我们依赖于海洋提供的产品和服务来驱动经济发展。

(2) 海洋可持续发展内涵下的蓝色经济:蓝色—绿色经济(Blue-Green Economy)。2009 年 6 月 9 日,美国国家海洋和大气管理局局长 Lub-chenco 博士在国会上提出了"蓝—绿经济(Blue-Green Economy)"一词,并将其界定为一种"基于海洋的,具有经济与环境可持续性的充满生机的经济活动"。并提出了海洋和海岸经济活动两个层面的属性:自然层面(如货物运输或航运)和生物生态层面(如捕鱼、水下呼吸器潜水、赏鲸活动等),在此基础上对现行经济是否具备蓝色—绿色经济特征进行了判定,结果表明,现阶段美国并没有达到蓝色—绿色经济的标准。事实上,Lub-chenco 的这一思想是在倡导一种海洋经济发展模式的转型,即转变长期以来在海洋经济发展上以牺牲环境为代价过分强调经济发展的发展思路,实现由注重"经济健康"(healthy economy)向"环境健康"(healthy environment)前提下的经济健康转变。另外,蓝色经济这一层次的含义实际上也对以往孤立看待不同海洋活动的发展视角有所启发,它更强调海洋经济各部门的一体化发展。

(3) 与蓝色经济相关的概念。在 Dey(2007)的研究中可以发现有关蓝色经济的另类定义。Dey 基于 2007 年 UNFCCC(UN Framework Convention on Climate Change)的一份关于发达国家和发展中国家全球投资以及燃料消费和排放情况的报告,从全球国别发展方式差异的角度提出了新的"绿色经济"和"蓝色经济"的定义:北方发达经济体的发展是以牺牲南方发展中国家为代价,它们的经济会逐渐变成"绿色",相反,发展中国家由于不断吸收工业污染(包括核辐射),其经济会逐渐变成"蓝色";进一步地,依据衡量绿色经济和蓝色经济的指标——温室气体(GHG)排放量的增长率,GHG 增长率为负的国家被定义为"绿色经济体"，而 GHG 为正的国家则代表"蓝色经济体"。另外，澳大利亚联邦科学与工业研究组织(CSIRO)2008 年的一份研究报告中提到了"蓝色 GDP"的概念，从这一研究机构的蓝色研究项目看，该报告所指的"蓝色 GDP"在强调发展以海洋为基础的多元化产业的同时，社会和环境可持续发展的观念在海洋新技术和新兴产业的支撑下也已被渗透其中。

1.2.2　国内关于蓝色经济的研究

国内"蓝色经济"主要建立在"蓝色"基础上，即利用"蓝色"作为对海洋的一种属性描述，如早期的"蓝色国土"和"蓝色产业"以及后来的"蓝色经济"，但所有文献所提及的"蓝色产业"和"蓝色经济"均属于"海洋产业"或"海洋经济"的代名词，更多的是一种形象的名称，并未展现出新的内涵。张开城提出了中国"蓝色产业带"概念，但并未纳入区域海洋经济发展决策。直到 2009 年 4 月，胡锦涛总书记在山东正式提出"打造山东半岛蓝色经济区"建议之后，"蓝色经济"与"蓝色经济区"概念才真正成为国内学界及地方政府关注的焦点。而伴随着新一轮沿海区域经济发展浪潮的掀起，新的海洋时代赋予"蓝色经济"新的内涵，从而也造成了不同学者对"蓝色经济"内涵的不同解读，主要代表观点有：

（1）"蓝色经济"即"海洋经济"。这种观点倾向于认为蓝色经济即海洋经济或者将蓝色经济解释为海洋经济的衍生形式，主要集中于我国早期蓝色经济的研究和少量近期文献。还有学者提出了更狭义的蓝色经济概念，将蓝色经济定义为海洋资源的综合开发利用。

（2）蓝色经济是一种新的经济概念，即传统的海运行业与新近的网络经济相结合，派生出一种崭新的经济概念。

（3）将"临海经济"和"涉海经济"纳入"蓝色经济"范畴，从根本上拓展了"蓝色经济"的内涵和外延，将与海洋相关的产业开发与区域发展结合起来，成为一种产业经济学与区域经济学相结合的经济概念，突出了海陆统筹的理念。从国外蓝色经济研究兴起的背景看，近年来国际学术界对海洋经济的再认识和蓝色经济理念的提出主要源于气候变化及由此引起的一系列环保问题。Cantwell & Snowe(2009)表达了他们对海洋酸化及其将对沿海各州经济可能产生影响的极端忧虑。环境的重大变化,如海平面和海洋温度的上升、缺氧和海水酸化、过度捕捞和海洋废弃物,将造成景观的极大改变以及一系列自然、实物资产和文化、经济的结构调整,从而给海洋和沿海经济带来经济、社会和环境成本(Ldow, 2009;Cantwell,2009)。可以说,蓝色经济最突出的威胁在于气候变化,气候变化正导致海水酸化、海洋变暖,并创造巨大的死亡地带,危害着1 110亿美元商业海洋食品产业和海洋新产品的发展前景,海平面上升将威胁沿海社区和能够提供数以百万计就业机会的航运业(Rockefeller,2009)。

综上,我国蓝色经济概念、认识的发展过程可以这样表述:历史上我国关于海洋生态保护、海陆统筹等蓝色经济的思想虽然萌芽较早,但长期以来这些观念在区域海洋经济发展实践中往往被作为孤立的问题分割研究,而新时期的蓝色经济概念则赋予了蓝色经济时间和空间两个维度的涵义,时间上强调海洋经济的长远可持续发展和海洋资源的代际公平分配,空间上强调海洋以及海陆经济布局的优化整合,是对以往海洋经济发展诸多思想的综合。

1.2.3　国外关于蓝色经济区的研究

由于"蓝色经济"概念在国际上的不确定性,也就更谈不上"蓝色经济区"概念。国外蓝色经济区划的概念渗透于海岸带、湾区、海洋开发区、沿海自由经济区、海洋保护区等多种形式的海洋经济区中,这些涉海经济区虽然并无明确统一的"蓝色经济"名称,但多数已蕴含有蓝色经济区划的思想。从"海洋经济"和"临海经济"角度出发,国际上存在一些具有不同内涵的"海洋经济区"和"临海经济区"概念,但更多的是从区域布局角度或区域管理角度出发的"临海经济区"或"沿海经济区"概念,如加拿大的"海岸管理区"与"海洋管理区"等。

综合以上观点,我们认为"蓝色经济区"寓意深远,是指以临港、涉海、海洋产业发展为特征,以科学开发海洋资源和保护生态环境为导向,以区域优势产业为特色,以经济、文化、社会、生态协调发展为前提,具有较强综合竞争力的经济功能区。蓝色经济区是一个基于经济、科技、社会和开放的陆海一体区域及系统创新体系,它对区域经济社会发展及新兴产业形成有着广泛的影响。蓝色经济区集陆海于一体,并与国内外创新资源、信息网络对接,缩短了区域经济社会的空间距离,造就了新型的经济形态和集群带发展空间。同时,通过产业带、创新域和生态链的整合互动,将区域内各个城市或经济实体有机地连接起来,形成蓝色经济区及其产业布局,展现了一种区域协调发展的生态系统模式。蓝色经济区,不仅是一个涉海经济的空间概念,还是一个系统创新、可持续发展和陆海一体化的发展战略。它通过制定陆海一体化产业发展规划,形成合理的产业布局,并在实现海洋产业持续发展的同时,使沿海和腹地经济优势互补,互为依托,实现共同发展。蓝色经济区实际上就是一个以系统创新为支撑,产业经济发展为基础,将更多的海洋资源,通过陆上科技资源、创新平台、工业制造、物流运输、投资体系等鼎力支持进行有效开发利用,努力实现陆海经济社会效益的最大化和空间规模的最大化的泛海经济区。

蓝色经济区是世界海洋经济发展和世界经济一体化的必然产物,也是21世纪世界经济发展的核心区域。蓝色经济基本上被认同是有别于海洋经济的一个战略性概念,其至少应该具备以下几个方面的特征:一是强调对海洋资源的保护性开发,资源保护是第一位的;二是强调发展海洋高新技术产业,高新技术的应用和海洋产业的高附加值,是今后发展蓝色经济的主要产业方向;三是强调陆海经济联动,蓝色经济不仅是对海洋资源的开发利用,而且更加强调沿海经济对陆地经济发展的带动作用以及陆地经济对海洋资源的支撑作用;四是强调区域统筹发展,形成区域联合经济发展模式;五是强调外向型经济发展,形成较强的国际经济竞争力,积极参与国际竞争。蓝色经济是以海洋经济为基础,以陆海经济联动发展为机制所形成的一种高端经济。对蓝色经济的理解不应仅仅局限在海洋经济,应该是临港经济、涉海经济、海岛经济、沿海经济与海外经济的统一体。因此,蓝色经济是这样的一种经济形式:以海洋产业为依托,以陆海经济一体化发展为基础,在生态和环境保护的前提下,运用现在高新技术和科学管理理念,提高对海洋资源的开发利用水平,多种相关经济联动互补,共同促进,并形成较强国际竞争力的一种经济形态。与传统的陆海经济比较,蓝色经济区作为一种独特的区域空间和创新域更具有集聚性、关联性、独立性和辐射性。

1.2.4 国内关于蓝色经济区的研究

蓝色经济区作为区域蓝色经济发展的载体支撑,现阶段已成为我国探索蓝色经济发展战略、培育区域经济新增长极的主要生长点。伴随着山东半岛蓝色经济区区域发展规划的推进,蓝色经济区系统发展战略的研究也在进一步深入。

1.2.4.1 我国蓝色经济区划的思想雏形

在我国海洋经济发展史上,有关海洋经济区规划发展的研究中,大量涉及海洋经济区、沿海经济带、渔港经济区、湾区等名称或规划,这些研究所蕴含的思路构成了现阶段我国蓝色经济区发展的思想雏形。

1.2.4.1.1 区域规划视角下的海洋经济区研究

海洋经济区。2003 年 5 月国务院颁发了《全国海洋经济发展规划纲要》,对我国海岸带及邻近海域进行了划分,在全国划分出了 11 个海洋经济区。在这一思想指导下,以李靖宇为代表的学者们开始对我国各海洋经济区规划的具体问题进行理论论证(李靖宇、赵伟、袁宾潞等,2006、2007、2008)。

沿海经济带。有关沿海经济带的研究集中在对辽宁沿海"五点一线"经济带开发的区域价值、综合功能,以及锦州湾沿海经济区、花园口经济区、丹东产业园区、营口沿海产业基地、大连长兴岛临港工业区开发以及大窑湾保税港区的功能定位等问题的系统论证上(辽宁师范大学海洋经济课题组,2009)。

沿(临)海经济隆起带。有关河北、唐山等地沿海经济隆起带的研究主要从分区、发展战略和产业布局,以及资源禀赋与开发等方面进行(张葳,2008;陈永国,2009)。

渔港经济区。这方面的研究,学者们主要关注渔港经济区基本概念的阐述、现代渔港经济区建设基本走向,以及渔港现代化、经济多元化、环境生态化的渔港经济区构想(徐质斌,2004;丁洁、陈德春,2007)。

其他形式的海洋经济区。除上述形式的海洋经济区研究外,学者们还针对浙江台州市建设海洋生态经济区;南海北部经济区创建海洋经济强势区、万山群岛湾区的发展战略问题、泛北部湾"海洋经济综合体"提出了自己的观点(林文毅、卢昌彩,2004;李靖宇、杨健,2006;俞友康,2007;朱峰,2008)。

1.2.4.1.2 海洋经济区产业发展与海洋产业区划研究

有关这方面的研究,学者们主要就具体海洋区的产业进行分析,包括海洋产业的结构演进、海洋三次产业发展的不同开发模式、产业结构优化;海洋优势产业、产业集群;沿海经济带与腹地海陆产业的资源、经济、就业和环境的联动机制等(尤芳湖、王凤起,2003;常红伟,2007;牟惠康,2008;王宁,2008;董晓菲等,2009)。

1.2.4.2 现阶段关于山东半岛蓝色经济区基本问题的研究

与海洋经济区相比,以"蓝色经济区"发展为主线的区域海洋经济规划战略实现了对以往海洋经济区发展思想的综合集成和发展创新,但现阶段系统的研究文献较少。关于山东半岛蓝色经济区的战略定位,郑贵斌(2009)结合其战略定位的基本原则,提出了山东半岛是蓝色经济区的定位:"山东半岛是以蓝色经济为标志,以海洋科技教育人才为支撑,以海洋资源科学开发为基础,以海洋优势产业为纽带,融合京津冀与长三角,连接黄河中下游广阔腹地,面向东北亚,拓展与日韩的交流、合作与发展,海洋经济、涉海经济、沿海经济、海外经济统筹联结,海洋资源互补、产业互动、布局互联、海陆统筹、经济文化融合、率先科学发展的独具特色的沿海经济区。"关于山东半岛蓝色经济区的发展指标,李乃胜(2009)从海洋科技的角度对其发展问题进行了分析,将山东半岛蓝色经济区的发展指标归纳为科技先进、经济发达、环境良好、辐射强劲四个方面,并对各方面的具体指标做了进一步剖析。关于山东半岛蓝色经济区建设战略,郑贵斌还提出六个统筹发展思路:一是统筹海洋经济的全面创新发展,包括统筹海陆生态环境保护、科技带动、城市发展的三位一体发展;二是统筹海洋经济、涉海经济、沿海经济与海外经济的发展;三是统筹核心区、关联区的海陆产业布局和产业连接;四是统筹胶东半岛高端产业聚集区、山东半岛城市群、鲁南经济带、黄河三角洲和高效生态经济区对接;五是统筹海陆基础设施建设;六是统筹体制机制的一体化完善。另外,隋映辉(2009)也分别从陆地到海洋渐进发展、陆地到海洋科学发展和陆地到海洋协调发展等三个层面探讨了陆海一体化建设山东半岛蓝色经济区的思路。

1.3 我国蓝色经济区发展现状

1.3.1 我国海洋经济现状

中国位于太平洋西岸,拥有 18 000 公里的大陆海岸线,14 000 公里的海岛岸线,岛屿 6 500 多个。这片面积达 300 万平方公里的"蓝色国土"是中华民族实施可持续发展的重要战略资源。这些资源包括海岸带、滩涂面积两亿余亩,相当于全国耕地面积的 13%,目前已开发的只占其中很少的部分,浅海养殖潜力巨大。优越的自然环境形成了许多天然良港,宜于建设中等以上的泊位和港址有 160 多处。生物种类多,已记录的物种数达 2 万种,渔场面积 281 万平方公里。油气、矿床、再生能源、海上旅游等资源十分丰富。

中国是一个海洋开发历史悠久的国家,但是,长期以来海洋意识薄弱,忽视海洋的开发,致使海洋经济严重落后甚至处于停滞状态。新中国成立以来,我国开始了第一轮海洋开发高潮,20 世纪 90 年代以来,我国蓝色经济以两位数的年增长率快速发展。主要表现为:活动范围多方向扩展,蓝色经济总量迅速增加,增长速度快于全国国民经济增长及一直处于领跑地位的沿海发达地区经济的增长,海洋产业发展速度快于行业整体产业的发展。

我国海洋经济发展现状,一是经济总量稳步增长;二是海洋新兴产业发展迅速;三是海洋经济成为区域发展支柱。海洋经济发展带动了就业规模扩大。"十五"期间,全国海洋生产总值年均增长速度为 13.99%(按可比价计算),高出同期国内生产总值年均增长速度 5 个百分点。2007 年海洋生产总值比 2006 年增长 15.1%。海洋经济跃升为沿海地区经济的重要支柱,在国民经济和社会发展中的地位日益突出,海洋经济已成为国民经济新的增长点。据中国国家海洋局发布的《2011 年中国海洋经济统计公报》显示,2011 年全国海洋生产总值 45 570 亿元,比 2001 年的 7 841 亿元大幅增长约 6 倍,占国内生产总值的 9.7%,比 2004 年的 3.9% 大幅提高 5.63 个百分点。我国海洋渔业和盐业产量连续多年保持世界第一,1990 年水产品总产量跃居世界首位,目前约占世界水产品总产量的 1/3。1997 年水产品人均占有量 29 公斤,开始超出世界平均水平。造船业产值世界第二,商船拥有量世界第三,海洋经济发展自本世纪初开始进入了快速成长期,已位居世界沿海国家中等偏上水平。

中国目前也面临严峻的渔业资源污染、过度捕捞等生态环境问题。如:局部渔业水域受到污染,天然渔场形不成鱼汛,海洋珍稀物种减少,海洋生态系统受损严重。2000 年,世界水产养殖总产量 4 571 万吨,产值 564.7 亿美元,养殖产品上市率从 1970 年的 5.3% 增加到 2000 年的 32.2%。目前,世界水产养殖和贸易仍保持快速增长,养殖水产的增加稳定了水产品国际贸易,减轻捕捞对资源的压力。如欧盟渔业产品中有 17% 来自于鱼类养殖。

中国养殖产量约占世界总产量的 70%,但水产养殖业发展水平仍很低,处于低附加值、低效益、高成本发展阶段,并以透支未来的资源和环境为代价取得的。主要问题有:(1)传统的综合养鱼方式仍作为主体,而国际上则普遍关注水产品质量安全、消费者崇尚绿色水产品。(2)养殖品种仍以四大家鱼为主,无法适应国内外市场需求。(3)养殖饲料营养不高,水产养殖饲料的革命仍遥遥无期,水产养殖饲料的利用率远远低于世界平均水平。近年来,海水鱼类养殖保持了较高的发展速度,且随着新一轮养殖热潮的到来,饲料的需求量将会越来越大。我国网箱养殖一直沿用鲜活饵料,甚至连新兴起的深水抗风浪大网箱养殖也使用小杂鱼作为饵料,这些饵料除极少部分被利用外,大量成为残饵,流失到自然海域;加之养殖鱼类排放的大量有机物,不但污染周围的水域环境,而且由于对海中幼鱼资源的大量捕捞,造成自然资源饵料基础的大幅度下降,直接影响了国家禁渔效果。(4)经营形式仍属于小而全、高成本、低效率的小农经济,水产养殖发展始终未形成一个真正意义上的产业,而是逐步走向低品质、低价格的产品充斥市场,产业整体素质不高。水产养殖业的产业化、组织化水平较低,并成为制约养殖产品竞争力提高的瓶颈。

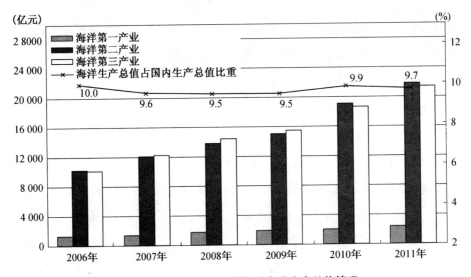

图 1-1 2006—2011 年全国海洋生产总值情况

注:出自国家海洋局 2011 年中国海洋经济统计公报。

从蓝色经济的产业结构来看,我国海洋科技和产业的发展水平并不高,尤其在产业结构和产业布局方面。海洋产值在国内生产总值中的占比明显低于发达国家 10%～20%的平均水平。从统计数据看,我国海洋经济第一、二、三产业的结构比例由“七五”初期的 51∶16∶33,优化升级到 2001 年的 30∶24∶46,2009年显著提高至 5.1%、47.9%和 47.0%。据测算,2011 年全国涉海就业人员3 420 万人,比上年增加 70 万人,海洋产业结构逐步实现高级化。但与一些发达国家海洋经济第三产业占比的平均水平超过 60%相比仍有明显差距。从主要蓝色经济产业来看,产业结构不断提升,传统的海洋船舶业、海洋渔业、海洋运输业仍然占比重较大,这几个产业在 2011 年占我国蓝色经济总体量的 7.7%、

17.3％、27.1％，海洋渔业持续降低，从2001年的28％降低到17.3％，海洋运输业波动较大，近年来所占比重也处于下降趋势，而新兴的海洋产业滨海旅游业发展最快，2011年已经占到海洋经济总量的33.4％，成为经济总量最大的产业和亮点。另外，海洋油气、海洋工程、海洋化工等也有稳步的发展，但是，新兴蓝色产业中，海洋生物医药业、海水利用、海洋电力这些新兴高新产业发展缓慢，在海洋经济中的比重一直维持在1％以下，对此必须引起足够的重视。提高第三产业比例，依靠科技，提高高附加值、高科技产业比重，拉长产业链，大力发展海洋化工、海洋装备、海洋环保产业、海洋产品深加工、海洋生物制药等新兴产业在我国海洋经济未来的发展中具有重要意义。

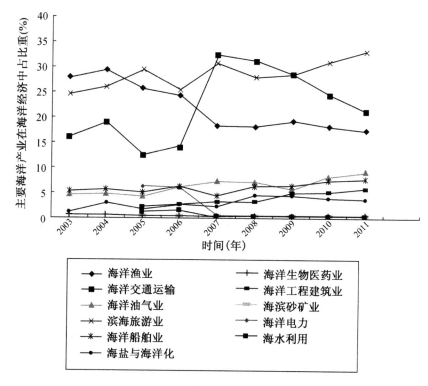

图1-2　各海洋产业比重示意图

注：根据海洋经济统计数据绘制。

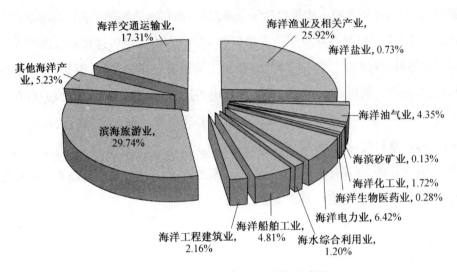

图 1-3　2004 年海洋产业结构示意图

注:根据 2004 年中国海洋经济统计数据绘制。

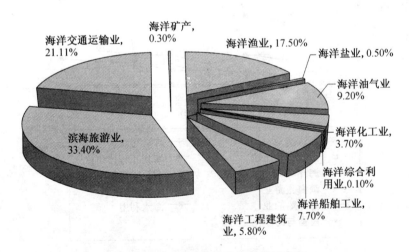

图 1-4　2011 年海洋产业结构示意图

注:根据 2011 年中国海洋经济统计数据绘制。

1.3.2　我国蓝色经济区的建设

2009 年 4 月份,胡锦涛总书记在山东考察时指出:"要大力发展海洋经济,科学开发海洋资源,培育海洋优势产业,打造山东半岛蓝色经济区。"2011 年 1月 4 日国务院正式批复了《山东半岛蓝色经济区发展规划》。《规划》作为中国"十二五"开局之年第一个获批的国家发展战略,标志着中国经济的发展从陆域经济延伸到海洋经济,重视海陆统筹发展,山东半岛蓝色海洋经济区正式上升为国家战略。2011 年 2 月 18 日,山东半岛蓝色经济区 7 市 23 个项目在北京签署战略合作协议,总投资达 2 549.4 亿元,标志着中国首个蓝色经济区启动。这次签署协议的项目涉及农业科技、新能源利用、国际物流、旅游文化等多个领域。另外,山东省政府与包括中国工商银行在内的 12 家银行总行和 6 家保险公司签署了支持山东半岛蓝色经济区发展的战略合作协议。同时,山东还将加快基础设施建设,打造海陆相连、空地一体、便捷高效的现代综合交通网络,构筑安全稳定的能源供应体系。"山东半岛蓝色经济区"包括 9 大核心区,分为主体区和核心区,其中主体区为沿海 36 个县市区的陆域及毗邻海域。山东半岛蓝色经济区的核心区,为 9 个集中集约用海区,分别是:丁字湾海上新城、潍坊海上新城、海州湾重化工业集聚区、前岛机械制造业集聚区、龙口湾海洋装备制造业集聚区、滨州海洋化工业集聚区、董家口海洋高新科技产业集聚区、莱州海洋新能源产业集聚区、东营石油产业集聚区。每个集中集约用海区都是一个海洋或临海具体特色产业集聚区。初步测算,到 2020 年"山东半岛蓝色经济区"9 大核心区总投资约 1.4 万亿元,集中集约利用海陆总面积约 1 600 平方公里(9 大核心区可用海域面积约 2 200 平方公里),其中近岸陆地 600 平方公里,填海造地 420 平方公里,高涂用海 180 平方公里,相关联的开放式用海 400 平方公里,相当于在海上再造一个陆域大县,从而大大扩展山东省的发展空间,搭建独具优势的海陆统筹新平台、承载人口和产业转移的新平台、对外开放的新平台、科技创新的新平台。

我国首个半岛蓝色经济区的建造同时也确立了山东在黄河流域的龙头地位,并将改写中国区域经济版图的格局。

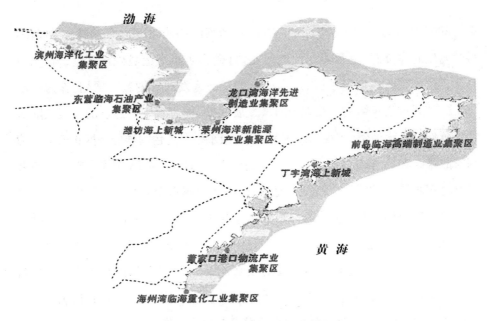

图1-5 山东蓝色经济区示意图

注:来自"山东蓝色经济区初步规划图"中国山东网 http://www. sclchina. comspecial2010wmsdx。

在我国区域经济发展的大格局中,国家已经在沿海地区确立了"6个流域"的龙头地位,广东作为珠江三角洲的龙头、上海作为长江流域的龙头、广西作为大西南地区的龙头、天津作为环渤海地区的龙头、辽宁作为东北三省的龙头。黄河流域以山东半岛为龙头。2011年,长江三角洲地区海洋生产总值13 721亿元,占全国海洋生产总值的30.1%,比上年回落了1.9个百分点。滨海旅游业、海洋交通运输业和海洋渔业三大支柱产业占这一地区海洋产业总产值的75%,同时海洋生物医药业发展迅速,正在成为新兴的海洋产业。

珠江三角洲地区海洋生产总值9 807亿元,占全国海洋生产总值的比重为21.5%,比上年提高了0.6个百分点。这一地区的海洋产业主要包括滨海旅游业、海洋渔业、海洋油气业和海洋交通运输业。沿海各海洋经济区充分发挥区域优势,实行优势互补、联合开发,开始呈现海洋经济联合的趋势,区域海洋经济已初具规模。除了山东半岛蓝色经济区取得国家战略地位以外,长三角、浙江沿海、珠江流域沿海纷纷提出自己的蓝色经济区计划,在这种背景下,南海蓝色经济区的提出设想也呼之欲出。

2 蓝色经济区发展趋势

2.1 世界全球化与区域一体化趋势

在世界经济发展不平衡的背景下,多边贸易体系因无法使各方利益在短时间内获得协调,已不能满足各国不同的需要。相反,地区性的协调由于协调范围小、程序简单,更容易获得成功,所以区域经济合作已为大多数国家接受。由此,随着区域经济合作程度与水平的不断提高,自由贸易政策思想得以传播,进一步促进了各国与世界经济接轨的步伐,这样无形中就为全球化积累了经验。因此,无论是区域经济一体化还是经济全球化,应该来说都是经济一体化的表现形式,从区域经济一体化到经济全球化的发展过程是一个从低级不断向高级发展的过程,而经济全球化发展的更高层次是走向制度化,即全球经济一体化。

近年来,区域经济一体化追求的目标不断提高,各区域经济组织范围日益完善与扩大,再加上主要区域经济一体化组织之间联盟机制的形成和发展,一方面使世界经济受到了强烈震荡,另一方面使区域一体化组织的适应性和兼容性进一步增强。也就是说,其中的各微观经济主体之间、各地区之间、各国之间、区域与区域之间的差异将日益减少,而相容性、互补性、同质性的东西将不断增加,导致小区域一体化逐步向大区域一体化迈进,世界经济整体将变得更加自由、更加开放,最终使得经济全球化成为必然。但是,要达到经济全球化不是一朝一夕的事情,世界经济还是存在很大的差异,而且地区之间发展不平衡,发达国家与发展中国家的贸易冲突继续存在,所有的这些都需要一个过程来慢慢调节。

总的来说,区域经济一体化与经济全球化是当今世界经济两大不可逆转的、并行不悖的发展趋势,它使世界经济在趋于融合的同时,又不断地以一些地区为核心进行聚合。特别是 20 世纪 90 年代以来,伴随全球化的发展,区域经济合作出现了一个新的发展高潮。区域经济一体化极大地促进了资本等要素的国际流动,使之成为世界经济发展最重要的推动力量。区域经济一体化不仅不与全球经济一体化相背离,而且还是全球经济一体化的必经过程,区域经济一体化对经济全球化提供了新的思路和途径,注入了新的活力,并促进了全球经济一体化的发展。从一个较长的历史时期来看,区域经济一体化与经济全球化将会长期并存,尽管区域经济一体化具有一定的排他性和歧视性,区域组织通过加强内部合作,提高其竞争实力,以取得与外部竞争的优势地位。然而,客观地分析区域经济一体化存在、发展的原因,不难看出随着多边组织的发展、区域经济一体化制度安排与经济全球化制度安排相互融合,并相互促进。目前,世界出现的最大的区域经济体是:欧盟、北美和东南亚三大经济一体化组织,另外还活跃着跨太平洋经济合作伙伴、东非合作组织、拉美共同体、南方合作共同体等 20 多个区域合作组织,呈现更加紧密的区域合作态势。

对于中国来说,中国是全球化的受益者。首先,全球化使中国获得大量的贸易机会。中国是一个计划经济占主导的国家,其市场化和现代化程度与西方国家相差还很大,但是经济增长速度却长期保持在 9% 以上,这说明对中国经济增长而言,外在影响比内在推动力更加明显,经济全球化促使中国快速发展。其次,全球化使中国成为吸引外资最多的国家。这样大量的贸易顺差为改革提供了经济基础,而外资的引入使中国吸取了国外的先进管理理念和方法。

2.2　世界主要国家蓝色经济区域

国家层面的蓝色经济区发展规划中,韩国的"西海岸开发计划",加拿大魁北克地区海洋开发区,以及越南沿海开发计划均是具有代表性的蓝色经济区。

就在因陆地资源稀缺,已经不足以支撑 21 世纪的经济发展速度时,在联合国的倡导下,世界各沿海国家都纷纷调整海洋发展战略,把目光转到了海底世界,展开了"蓝色圈地运动"。比如,美国制订了《21 世纪海洋蓝图和海洋行动计划》;加拿大出台了《海洋法》和国家海洋战略;韩国颁布了《韩国海洋 21 世纪》;欧盟发表了《海洋政策绿皮书》;日本把《联合国海洋法公约》赋予沿海国的权利当成不使用武力就能拓疆扩土的新机遇,主张的管辖海域面积为 447 万平方公里,是其陆地国土面积的 12 倍,一旦他们的主张得以实现,届时日本的国土面积将由目前世界排名的 59 位跃升到前 10 位的行列;越共十届四中全会制定了《2020 年海洋战略》,目标是越南要成为东南亚海洋经济强国,计划到 2020 年,海洋经济在越南 GDP 中的比重将达到 53%～55%。世界各国对海洋如此巨大的关注,具有深刻的历史背景和原因。一方面,人类在取得巨大经济成就和科技进步的同时,付出了人口过度膨胀、陆地资源日渐枯竭和生态环境不断恶化的沉重代价。人类在反思自己的行为方式,加快调整与自然相互关系的同时,也努力为扩大经济发展空间,寻求新的资源替代源泉。而地球上只有海洋才可能为人类提供新世纪所需要的一切。另一方面,冷战结束以后,发展经济成为世界各国,特别是发展中国家面临的迫切任务,西方发达国家为摆脱经济滞胀,相继走上了经济新自由主义,由此引发了经济全球化的大潮。全球化和海洋经济相互促进,互为因果,使海洋经济基本与经济全球化保持同步发展。从过去的渔盐之利、舟楫之便到现有的交通要道、资源宝库,海在经济全球化中扮演着越来越重要的角色。进入新世纪,随着世界经济的发展,伴随着全球贸易的持续增长以及全球生产现代化的进展,海洋领域的竞争急剧升温。

联合国教科文组织政府间海洋学委员会主席扎维尔·瓦拉戴尔斯在论坛上介绍,近年来世界各沿海国家纷纷加大了对海洋的投入,采取各种措施,调整本国的海洋发展战略,展开了"蓝色圈地运动"。比如,加拿大出台了《海洋法》和国家海洋战略,韩国颁布了《韩国海洋21世纪》,欧盟发表了《海洋政策绿皮书》。越共十届四中全会制定了《2020年海洋战略》,目标是打造东南亚海洋经济强国,到2020年,海洋经济在越南GDP中比重将达到53%~55%。

2.2.1　美国

海洋强国美国,80%的GDP受海洋经济、海岸经济驱动,75%的就业率与海洋经济有关,目前已经制订了《21世纪海洋蓝图和海洋行动计划》。美国商务部国际事务助理部长帮办、美国国家海洋与大气局国际事务办公室主任詹姆斯·特纳博士在论坛上说,奥巴马总统今年6月建立了海洋工作小组,任务是确保美国海洋权益获得持续发展。美国还通过多部门参与,确立自己的海洋空间规划,目的是通过规划带动社会可持续发展。

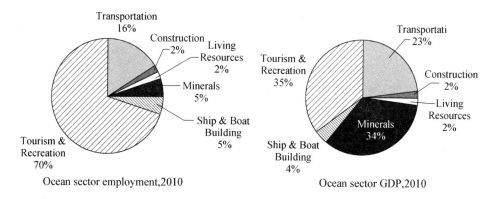

图 2-1　美国 2010 年海洋部门就业与 GDP 生产总值示意图

注:根据2014年海洋与海岸带经济报告相关数据绘制。

在海洋产业发展方面,奥巴马政府于2009年提出大力提高美国海洋能产业的国际地位,计划从2009—2013年,大力支持海洋能产业发展,海洋可再生能源是未来发展的朝阳产业已成不争的事实。在生物医药产业上,美国政府机关加强了对海洋药物研制的支持,加大了对海洋生物工艺学术界和产业界的奖励投资,并且对海洋生物工程技术研究及海洋生物环境研究大力补助。

在海洋环境保护领域,美国的海洋环境保护政策主要由海岸带环境保护与海洋资源与环境保护两部分组成。对于海岸带环境保护而言,主要管理措施包括:加强海岸带与流域管理;保全并恢复海岸带生境;实施政府湿地保护计划,培育地方性恢复项目等。对于海洋资源与环境保护而言,主要管理措施包括:推动珊瑚礁与深海珊瑚的保护,加强对深海珊瑚的研究、调查与保护;加强对海洋哺乳动物、鲨鱼与海龟的保护;改进海洋保护区管理,协调并更好地整合现有的海洋保护区网络,制定国家海洋公园发展战略等。在海洋综合管理方面,美国政府于 2004 年发布的《海洋行动计划》中明确了海洋综合管理方法,鼓励联邦政府与地方政府之间,以及各相关部门之间的协调与合作,并建立了新的联邦跨部门海洋政策委员会,以更好地协调与整合现有的海洋管理区网络体系与管理体制。

2.2.2 欧盟

在海洋产业发展方面,欧盟海洋政策的重点之一是海洋产业可持续发展,其行动计划要点是通过多产业部门的集聚发展来提升海洋产业的整合水平与竞争力,鼓励海洋产业集群发展,形成区域性海洋人才中心,以此推动欧盟海洋产业集群网络建设。2005 年,包括丹麦、芬兰、法国、德国、意大利、荷兰、挪威、波兰、瑞典和英国在内的 10 个欧盟国家海洋产业集群组织设立了欧洲海洋产业集群网络,共同构建一个共享平台,用于各国之间的经验交流。在海洋环境保护领域,欧盟努力保持在碳存储技术领域的世界领先地位,并采取示范行动,减少气候变化对沿海地区的影响,积极支持国际社会为减少船舶大气污染和温室气体排放而做出的努力。2005 年,欧盟委员会发布了《海洋战略框架条例》,2006 年12 月,条例草案得到欧盟环境委员会的批准,要求最迟到 2012 年改善各国的海洋环境状况。在海洋综合管理方面,欧盟委员会于 2007 年发布了《欧盟综合海洋政策》蓝皮书,正式明确了海洋资源的综合管理战略。主要内容包括三方面:一是确保海洋空间稳定与安全的海洋监控体系建设;二是推动海洋可持续发展决策的海洋空间规划;三是建立一个相互兼容、多维成像的成员国海域数据信息系统。

2.2.3 加拿大

加拿大三面环海,不仅有 999.467 万平方千米的陆地国土,还拥有 370 万平方千米的专属经济区,海岸线长达 243 792 km,为世界之最。加拿大历来十分重视海洋开发和管理,合理利用海洋,充分保护海洋环境,保证海洋的可持续开发已成为加拿大的重要国家战略决策。1996 年 12 月 18 日,加拿大根据《联合国海洋法公约》生效后国际海洋形势的新变化以及加拿大国内海洋管理工作的实际,颁布实施了《海洋法》(于 1997 年 1 月 31 日生效),成为世界上第一个进行综合性海洋立法的国家。尽管当时加拿大并没有批准公约,但这可以将公约赋予沿海国的权利以国内立法的形式具体化,将新的海洋战略和政策用法律的形式固定下来,以适应公约生效后国际海洋形势的变化,最大限度享有公约给沿海国带来的利益。《加拿大海洋法》的目的和宗旨是重申海洋对于加拿大的重要意义,海洋是全体加拿大人的共同遗产,为加拿大提供了经济多元化及财富增长的重要机会。确立加拿大在全球海洋事务中的领导地位,维护加拿大的海洋权益,包括对其专属经济区的主权权利、管辖权和责任。保护海洋环境和资源,实现可持续发展以此为目的,在生态方法基础上对海洋环境进行综合管理,推动风险预防原则的适用。

加拿大重视海洋管理,也重视有关海洋管理和保护方面的立法,具有以下特点:(1) 规定渔业与海洋部统管海洋的权力,明确联邦政府和沿海省级政府的管辖界线和权限划分以及联邦政府各职能部门的管理职责。为了加强各部门的协调配合,加拿大专门成立了海洋事务机构委员会。(2) 注重生态环境保护,坚持海洋管理的生态方法,强调风险预防原则。《加拿大海洋法》构建了一个建立在生态方法基础上的统一的海洋管理框架,为进行综合规划提供了法律基础。
(3)具有较强的执行力《加拿大海洋法》为有关部门处理海洋事务确定了法律基础,同时,对于海洋违法事件规定了详细的处罚程序及措施,使得此法具有较强的执行力和可操作性,为法律的执行和实施奠定了良好的基础。(4)完善的海域划分及渔区制度,《加拿大海洋法》对于内水、领海、专属经济区、大陆架从范围到各海域的相关权利做了详细规定。为保护渔业利益,在建立专属经济区制度的同时保留了渔区。

2.2.4 澳大利亚

在海洋产业发展方面,澳大利亚自 1997 年开始实施《海洋产业发展战略》。澳大利亚联邦海洋产业与科学委员会确定了八大重点领域作为澳大利亚未来海洋产业发展重点:一是养殖业;二是新兴产业,包括海洋生物技术、替代能源与海底矿产;三是现代渔业,包括近海、远洋与国际水域;四是近海油气业;五是船舶制造;六是海洋航运服务,包括新型高速货运系统的发展;七是高技术产业及服务业,包括海洋仪器装备、工程设计与环境管理;八是滨海与海洋休闲旅游业。从长远发展角度出发,澳大利亚政府不仅为其海洋新兴产业培育提供了适度的财政资金支持,还出台了一些导向性的政策与规制,为海洋新兴产业发展提供了一个良好的管理环境。

2.2.5 韩国

韩国海洋水产部于 1999 年 7 月确定了 21 世纪海洋发展战略的方向、推进体制、推进日程等基本方针,设立了以副部长为首的企划团,并组成了以各业务局长为组长,政府官员、学术界专家为组员的工作组;同年 8 月组成了由学术界、产业界、舆论界等 31 名各界专家咨询;9 月,综合整理了有关部门提出的部门计划草案,经过海洋和水产专家研讨;2000 年,韩国启动了中长期发展计划海洋水产发展计划("Ocean Korea 21"简称"OK21")并作为国家政策被建立起来，2000—2014 年连续实施了三次能源资源、海运及港口建设、水产振兴、海洋文化等十四大海洋重点领域的发展战略。2010 年，韩国相关机构联合对今后 10 年间要推进的事业进行了调查计划到 2020 年韩国在海洋科学技术 R&D 总投入 3 兆 6 千亿韩元。2011 年 11 月发布的韩国海洋环境领域最高计划——"第四次海洋环境综合计划"，韩国政府为实现本计划确立的目标，在计划年间（2011—2020 年）共计划投入 10 兆 9.363 亿韩元，在 5 大领域（陆地污染源国家管理体系确立；提高海洋起因的污染应对能力；海洋生态界健康性保持及完善；气候环境海洋环境管理强化；海洋环境政策基础设施强化）22 个重点课题的 63 个次级产业。

　　韩国 21 世纪海洋发展战略是以实施"蓝色革命"为基础，实现海洋强国为发展目标，将发达国家主张的"蓝色革命"作为现实政策加以执行，体现出实现海洋强国的意志。为实现 21 世纪海洋发展目标，该战略提出了创造有生命力的海洋国土、发展以高科技为基础的海洋产业、保持海洋资源的可持续开发三大基本目标。海洋产业增加值占国内经济的比重从 1998 年的 7.0% 提高到 2030 年的 11.3%。为实现上述提出的三大基本目标，海洋水产部提出七大推进战略：1. 创造有活力的、生产力的、个性化的海洋国土；2. 恢复干净而安全的海洋环境；3. 振兴高附加值的海洋科技产业；4. 创建世界领先的海洋服务业；5. 建立可持续发展的渔业生产基础；6. 实现海洋矿物、能源、空间资源的商业开发；7. 开展全方位海洋外交及加强南北合作。韩国 21 世纪海洋发展战略提出要成为开发世界五大洋的海洋强国，成为人民生活质量提高、海洋环境良好的国家，成为海洋高技术产业化和抗风险能力强的国家。

2.3 世界蓝色经济区发展对我国南海蓝色经济区构建的启示

2.3.1 全球海洋经济发展模式

海洋发达国家如美国、日本、澳大利亚等非常重视海洋产业的培育和发展，重视通过海洋产业的发展来推动海洋经济区的发展，并不断开拓海洋开发的新领域。它们制定一系列的政策措施，以及成立专门的机构来规范和指导蓝色经济区的建设，他们的某些经验和模式对于我国南海蓝色经济区的构建颇有借鉴价值。目前，全球的海洋经济，主要有三种模式。

2.3.1.1 美国模式：大陆立国，海洋突破

美国是一个大国，是濒临太平洋和大西洋的海洋大国，全国海岸线漫长，拥有 1 400 万平方公里的海域面积，海洋资源丰富。同时美国也是个海洋经济强国。目前，海洋产业对美国经济的贡献是农业的 2.5 倍，美国海外贸易总量的 95% 和价值的 37% 通过海洋交通运输完成，而外大陆架海洋油气生产还贡献了全美 30% 的原油和 23% 的天然气产量。美国的经济中，GDP 总量的 80% 受到了海岸地区的驱动，40% 以上是受到了海岸线的驱动，另外只有 8% 是来自于陆地领域的驱动。海岸经济和海洋经济对于美国整体经济来说都是非常重要的，分别占到就业率的 75% 和 GDP 的 51%。在此情况下，美国的海洋经济总量领先全球，但是，就相对值而言，美国的海洋经济本身所占比重却不高。一直以来，美国的海洋经济发展在发达国家中算是非常缓慢。直到 20 世纪 60 年代中期，在能源危机以及其他经济问题的压力下，美国才开始发展海洋经济。鉴于美国的整体经济结构和国家禀赋，美国的海洋经济，主要集中在高新技术领域。据相关报道，美国政府现有研究与开发实验室 700 多个，聘雇的科学家和工程师占全

美国的 3/5,政府每年的投资达到了 270 亿美元。在密西西比河口区和夏威夷,美国开办了两个海洋科技园。前者主要从事军事和空间领域的高技术向海洋空间和海洋资源开发的转移,加快密西西比河区域海洋产业发展;后者以夏威夷自然能实验室为核心,主要致力于海洋热能转换技术的开发和市场开拓,同时从事海洋生物、海洋矿产、海洋环境保护等领域的技术产品开发。这些海洋科技园在美国乃至世界上具有重要影响力。强大的大陆经济,使美国并不需要在海洋经济方面下大赌注,而强大的大众产业,亦使美国在保证民生的情况下,在海洋经济领域更多发展高新技术产业。在未来,美国模式最可能为中国借鉴,即未来以大陆经济为主,致力于中西部振兴,而以海洋经济为辅;在大陆城市发展大众产业,而沿海除石化之外,多发展海洋医药、海洋能源等产业。

2.3.1.2 日本模式:陆海联动,全面开发

日本是个典型的岛国,陆地资源极其匮乏,之所以能够发展成为全球第二大经济体,得益于丰富的海洋资源。日本由四国、九州、本州、北海道四个大岛和几千个小岛组成,海岸线漫长曲折,200 海里专属经济区面积广阔,达 447 万平方公里,相当于其国土面积的 12 倍。20 世纪 60 年代以来,日本政府把经济发展的重心从重工业、化工业逐步向海洋开发、海洋产业发展转移,迅速形成了以海洋生物资源开发、海洋交通运输、海洋工程等高新技术产业为支柱的现代海洋经济结构。

日本陆地国土狭小,而海洋经济需要大陆的依托,为此,日本的一个特点就是陆海联动,以大型港口为依托,以拓宽经济腹地范围为基础。日本在近海产业集聚区建立之前,陆地原有产业区的发展已经先行达到了很高的水平。由此依托海洋发展的产业,起点本身就很高,且与陆地原有产业连为一体,陆海产业的现代化互为依托。大陆经济成为海洋经济的腹地,海洋经济成为大陆经济的延伸。而这种模式,很容易形成产业聚焦,目前,日本已经认定 19 个地区建设产业集群,形成了多层次的海洋经济区域。

由于先天不足,海洋是日本经济的生命线,其全体国民开发海洋的意识非常强烈。其开发战略可以总结为"向纵深推进、全方位开发"。海洋开发主要指两

个方面,即海洋资源开发和海洋技术开发。近年来,日本已形成了近20种海洋产业,构筑起新型的海洋产业体系。其中,港口及海运业、沿海旅游业、海洋渔业、海洋油气业等四种产业,已经占日本海洋经济总产值70%左右。其他的如土木工程、船舶工业、海底通信电缆制造与铺设、矿产资源勘探、海洋食品、海洋生物制药、海洋信息等,也都获得全面发展。日本非常重视海洋科技的发展,海洋科技开发领域也随之不断扩大,并在海洋环境探测技术、海洋再生能源试验研究、深海机器人等领域取得阶段成果。

日本对于海洋经济的依赖,在全球几乎是登峰造极的。日本有效国土的缺乏,使其成为全球最疯狂的围海造田者。早期的急功近利,亦使日本成为全球海洋公害国家,日本通过建造人工岛,已向海洋索取土地达到200多平方公里,严重影响了海洋地理生态。日本疯狂捕鲸,置国际公约于不顾,造成了对海洋生物的严重破坏,而日本将大量从第三世界国家购买的矿产品藏在海洋里,也对海洋水质形成污染,破坏了海洋体系的平衡。为此,日本经常受到世界各国诟病。因此,日本后来在发展海洋经济时,有一些补偿性的措施,如,日本现在更多发展高新技术,并且实施海洋循环经济战略;健全油污染防除体制、健全油污损害赔偿保障制度、加强海洋环保调研与技术开发以及对海上环境违法事件进行查处等。

2.3.1.3 新加坡模式:以港兴市,工业为辅

新加坡是个"弹丸之国",却创造了一个个经济奇迹,其经济社会发展的成就举世瞩目,成为世界闻名的繁荣富庶之地。在此过程中,海洋经济居功至伟。新加坡是一个典型的自由港。而自由港的特点是,既是全球重要的港口、海洋性战略枢纽,同时又贸易发达。这种特点,使其海洋经济以航运为主,临海工业、旅游为辅,而其他海洋产业则基本是作为补充。作为全球为数不多的自由港,新加坡扼太平洋和印度洋之咽喉,是东西方向海运的全球枢纽。这种地位,使新加坡成为全球最具战略地位的航运港口。

全球有600多个港口与新加坡通航。集装箱吞吐量超过2 000万标箱,全球每5个中转箱中就有1个是由新加坡码头处理的,堪称世界上最繁忙的港口。而新加坡的贸易对象,主要包含中国香港、中国台湾、澳大利亚、新西兰、丹麦、美

国和日本。同时,新加坡亦与全球其他 100 多个国家建立了贸易关系。新加坡
自然资源贫乏,经济属外贸驱动型,外贸总额是国内生产总值的 4 倍。贸易的兴
盛,使新加坡港口运输发达。同时,物流业所占比重日益增大。目前,物流业成
为新加坡经济的重要组成部分,对 GDP 贡献超过 8%。新加坡刚崛起时,还是
以工业立国,从马来西亚独立出来之后,仍然发展工业,裕廊工业区于 1968 年成
立,除此之外在加冷、红山和大巴窑等地也建立了轻工业基地。十年左右的时
间,新加坡就迅速成为世界主要电子产品出口国。同时,新加坡加大了对临港工
业的发展,特别是作为世界主要的港口,其成功吸引了著名的石油公司,如蚬壳
石油和埃克森美孚,成为世界第三大炼油国。时至今日,新加坡形成了电子、石
油化工、金融、航运、旅游服务业等几大支柱产业。而在新加坡的产业比重中,工
业已经退居次位,港口运输、旅游等第三产业,则成为第一大产业。现今,每年来
新加坡旅游的人次超过 1 000 万,几乎等于一个中等国家的人口。

新加坡模式是典型的港口兴市,而目前这种模式,在自由港的国家和地区最
为流行,如中国香港、巴拿马、中国澳门等。

2.3.2　世界蓝色经济区建设的基本趋势和经验

2.3.2.1　世界蓝色经济区建设的基本趋势

世界各国把海洋开发作为国家战略加以实施形成了许多新的海洋观,如海
洋经济观、海洋政治观、海洋科技观等。开发方式正由传统的单项开发向现代的
综合开发转变。总结海外各国的蓝色经济发展趋势大概可以归纳为以下几点。

2.3.2.1.1　蓝色经济区建设依托科技高精深层次的拓展

20 世纪 80 年代以来,美、英、法等传统海洋经济强国以及亚太日本、韩国、
澳大利亚等国都分别制定了海洋科技发展规划,提出了优先发展海洋高科技的
战略决策。韩国在《OK(Ocean Korea) 21》展望中提出要通过"蓝色革命"加强
韩国的海权,通过发展以科技知识为基础的海洋产业促进海洋资源的可持续发
展。澳大利亚拟订了《澳大利亚海洋科学技术发展计划》,通过制定一系列的海

洋科学技术发展政策,激励和引导科学技术发展保护海洋生态环境,提升海洋竞争力,保持其在海洋科技领域的领先地位。海洋科技的发展使得海洋研究领域不断拓展,而海洋研究领域的拓展又导致海洋开发深度逐渐加深。尤其是深海勘测和开发技术的逐渐成熟,以及科学考察船、载人潜水器、遥控潜水器、深海拖拽系统、卫星等先进设备的使用,人们对海洋的开发开始从近海转向深海,开发内容也由简单的资源利用向高、精、深加工领域拓展。

2.3.2.1.2 人口、经济向沿海地区聚集,口岸岛屿成为海洋经济开发热点

蓝色经济发展的一个重要趋势就是人口、经济、产业不断向沿海地区聚集,成为全球经济新的增长点。目前世界60%的人口和2/3的大中城市集中在沿海地区,预计到2025年将有接近75%的人口生活在沿海地区。美国大西洋沿岸的"波士华"城市群,波士顿—纽约—华盛顿城市群,面积约1 318万平方千米,虽不到美国国土面积的11.5%,却集中了约4 500万人口,约占美国人口总数的15%,制造业产值占全美的30%以上,成为美国经济发展的中心和世界经济的重要枢纽。日本东海道城市群面积约为10万平方千米,占日本总面积的20%,人口近7 000万,占全国总人口的61%,集中了日本工业企业和就业人数的2/3、工业产值的3/4和国民收入的2/3,是日本政治、经济、文化、交通的中枢。目前,地处江海接合部的河口海岸和河口岛屿因其通江达海的独特区位条件,使其拥有外通洋、内连深广经济腹地的突出优势,已成为世界顶级城市和特大城市的发祥之地,成为各国蓝色经济开发的热点和重点。

2.3.2.1.3 海洋生态循环经济模式成为各国海洋开发的理想模式

2006年3月,在联合国秘书长所作的2005年度海洋和海洋法的报告中,用了大量篇幅描述基于生态系统的海洋开发方式,并呼吁各国尽快创造条件实施基于生态循环经济系统的海洋开发模式。基于生态系统的海洋循环经济是未来的发展大趋势,是海洋开发的理想模式,现在已有部分国家在海洋政策中明确提出以生态系统为基础的管理原则。美国是最早开展海洋循环经济相关理论和方法研究的国家之一。早在2000年8月美国通过了《2000年海洋法》,在该法律的第九部分中阐述了强有力的经费保障是实施新的国家海洋政策的关键,而财

政拨款是海洋经济和海洋循环经济发展的重要经费来源。日本政府对用于海洋循环经济发展的支持拨款主要用于两个用途。一方面,加大拨款来大力推进那些与物质形态变化、化石燃料枯竭、信息共享化等相适应的海洋空间利用,并开发只在深水和有冰海域才存在的石油和天然气,推进风力发电等无污染自然资源的利用以及废弃物能源的回收和利用等。另一方面,利用财政拨款充实、强化和完善海洋监测系统以便进一步加强海洋环境保护和海洋循环经济的发展。

2.3.2.1.4　追求蓝色经济可持续发展成为世界各国的自觉行动

人类对海洋的观念从过去的一味开采索取转变为生存与发展协调行动以实现海洋的可持续发展。"维护海洋健康"将成为21世纪保护人类自己的超级保护活动。澳大利亚政府在积极推进海洋开发利用的同时,为了保护大堡礁优美的自然景观和动植物的多样性,于1975年颁发了《大堡礁海洋公园法》,并在1991年制订的《2000年海洋营救计划》中提出了保护海洋环境可持续发展的具体办法和措施。美国国家海洋政策的指导原则——可持续性原则,提出"海洋政策的制定应确保海洋的可持续利用,确保未来子孙的利益不受到侵犯"。加拿大政府制定的21世纪海洋战略确立的四个紧急目标中的第三目标是"保护好海洋的环境,最大限度地利用海洋经济的潜能,确保海洋的可持续开发"。日本在实施海洋政策中提到"海洋环境保护及修复的综合措施"。总之,注重海洋资源的保护,确保蓝色经济的可持续发展,已成为各沿海国家追求海洋可持续发展的自觉行动。

2.3.2.1.5　建立海洋综合管理制度已成为沿海国家努力实现的发展目标

21世纪海洋管理的范围由近海扩展到大洋,由一国管理扩展到全球合作管理,内容由各种开发利用活动扩展到自然生态系统保护,管理方式在强调利用法律手段的同时,更多地使用培训和宣传教育手段。美国20世纪50年代后成立了"海洋资源部门委员会""美国海洋资源和工程发展委员会""国家海洋大气局",负责管理全国的海洋资源、环境、科研、服务等工作。1992年成立的由30多个海洋机构参加的"海洋联盟",为建立联邦政府与民间企业、海洋科技机构与企业间的伙伴关系提供了组织保证。2004年,日本发布了第一部海洋白皮书,提出对海洋实施全面管理。韩国于 1996 年将水产厅、海运港湾厅、海洋警察厅以及科技、环境、建设、交通等 10 个政府部门中涉及海洋工作的厅局合并,成立了海洋水产部,对海洋实行了高度集中统一的管理。英国等国近期也都在开展海洋综合管理体制改革,很多国家在其海洋政策或战略中明确了"实施综合管理"的原则和目标。据 2006 年"海洋、海岸与岛屿全球会议"统计,全世界约有 100 个沿海国制定了海洋综合管理计划并实施了海洋综合管理。目前,建立综合管理制度已成为大多数沿海国家海洋管理努力实现的发展目标。

2.3.2.2 世界蓝色经济区建设经验

(1)法律先行、项目带动的指导思想贯穿蓝色经济区发展的整个周期过程,围绕经济区发展重心形成的法律规制框架和发展项目往往具有明确的区域问题针对性和动态性。

(2)经济区正确的功能定位对蓝色经济区发展的持续性具有至关重要的导向意义。经济区的功能定位并非区域发展当局外部强制性赋予的结果,相反,它是在长期的历史发展中基于本地地理特征、区域优势经济资源、人文社会积淀自发形成的,当然,外部力量(如机构和政策)在其间也起到一定的助推作用。

(3)蓝色经济区战略规划上,海陆一体化、可持续发展和蓝色经济区"社区"发展的理念体现得较为突出,经济区战略布局上注重将海洋和陆地视为一个整体进行统筹谋划,产业发展上强调产业间的错位关联、产学研协作和组群式发展,政策支持上则着眼于蓝色经济区建设与区域民生发展和基本公共服务均等化结合下的陆海和谐发展。

(4)突出蓝色经济区的生态功能和循环发展,蓝色经济区经济社会系统与生态系统统筹协调,人海和谐的新海洋观和海洋生态文明理念渗透于蓝色经济区发展的各个方面和发展进程的各个环节。

(5)蓝色经济区的发展依赖于法律、财税金融、产业、科技、环保和一体化管理等一揽子政策支持和配套支撑体系的建设。

2.3.2.3 世界蓝色经济区建设对我国的启示

(1)海洋产业的发展离不开政府的强力支持,依赖于财税金融、产业、科技和一体化管理等一揽子政策支持和配套支撑体系的建设。同时,沿海地区发展海洋产业还依托于多元机构、民间组织和社会公众的广泛支持和合作参与,利益主体间良性的合作协调机制对于临海经济区产业发展战略的推进同样至关重要。

（2）海洋开发活动的顺利实施离不开全面系统的海洋法律法规体系建设,特别是能整合不同部门利益与地区诉求的海洋综合性立法。在新的国际海洋管理形势下,综合性的海洋法律体系建设成为各国确保海洋开发顺利推动的规制基础。

（3）有效地预防陆源与海上环境污染、保护海洋生态系统多样性、维持海洋生态系统健康已成为发达国家区域海洋政策的重点。而海洋环境的保护和海洋生态系统健康的维持离不开海洋保护区网络建设,海洋生态服务功能的保持与恢复是海洋资源持续开发的前提。

（4）海洋综合管理是当今世界海洋管理的新趋势,面对多变的国际海洋开发态势及不断提升的海洋环境压力,区域海洋可持续发展离不开先进的海洋管理理念,基于预防性原则和海洋生态系统原则的海洋综合管理方法是确保海洋管理成功实施的技术保障。

3 构建南海蓝色经济区

3.1 南海蓝色经济区的内涵

国内外学者对南海经济区已有所研究,美国等西方学者专家提出华人经济圈和华人网络,主要指东南亚地区。中国大陆、香港、澳门和台湾学者提出中国南海经济圈,即以香港、台湾、澳门的资金和技术为支撑,结合大陆沿海的资源和劳动力发展的外向型经济。作者认为,以上关于南海经济圈的概念各有千秋,但中国南部南海沿岸地区存在范围狭小区域,注重陆路经济而忽视海洋经济,对南海海域资源开发只字未提,没有突出该经济圈以海洋性为中心的特点等问题,这显然不适应当今海洋经济发展的需要,也没有反映南海蓝色经济区的本质特征。目前,世界上的经济共同体可归纳为以下几种。欧盟类型:各成员国社会制度和发展水平相近,通过产业水平分工追求规模经济效益。北美自由贸易区类型:各成员国经济发展水平差异较大,围绕核心国形成区域性市场体系,并形成有一定排他性的自由贸易区域。"雁行模式":以经济大国为领头雁形成产业体系,各合作成员间形成以垂直分工为主的产业联系。"增长三角":利用不同国家毗邻地区经济的互补性,以市场机制为基础的跨国或跨地区经济合作区。笔者认为,南海经济圈与传统的经济体有所区别,它是围绕环南海地区地域性的"跨国次区域经济区"(SREZS),可称作"区域一体化的亚洲解决途径"。它的特点是:资源互补性和比较优势、地理接近性和良好的基础设施是开展这种区域经济合作的基本条件;通过资源合并、资源共同开发和产业互补来促进区域经济合作,融合发达经济和欠发达经济的经济资源因素,通过开发规模经济和加强地理集聚来提高竞争能力和经济效益。笔者认为,南海蓝色经济区是指环南海区域的国家和地区以南海海洋资源开发为中心,以港口、深水航线、沿海公路铁路、航空线为联系纽带,以沿海港口重镇、沿海工业带、重要海岛、海上交通线等发展轴线为依托,对内在市场、信息、劳务、金融和科技等方面紧密合作,对外开放的,以海洋产业为主体、海陆兼顾、多元化、多层次区域经济共同体。通过南海经济圈的这一区域共同体的建设,充分发挥区域规模效益和地域竞争力,促进南海问题的解决,达到和平、高效、环保、公平地开发利用南海资源,实现区域内参与各方双赢和多赢的局面。南海蓝色经济区的地域范围包括中国大陆的华南沿海各省、香港、澳门及中国台湾,越南、柬埔寨、马来西亚、印尼、菲律宾、新加坡、文莱等十余个环南海的国家和地区。

3.2 南海蓝色经济区发展条件分析

3.2.1 自然条件

3.2.1.1 南海海域的地质地貌

南海北起北纬 23°37′,南迄北纬 3°00′,西自东经 99°10′,东至东经 122°10′。南北纵跨约 2 000 km,东西横跨约 1 000 km。地貌由海盆、海槽、海沟、大陆坡、大陆架和岛屿组成。南海海底地势是西北高、东南低,自中国大陆边缘向南海中心部分呈阶梯状下降。地貌成因组合特征如下:南海中央部分是呈北东—南西向延长的菱形深海盆地,其纵长 1 500 km,最宽处为 820 km;深海盆地的南北两侧是块状断裂下沉形成的阶梯状大陆坡;南海大陆架主要分布于海区的北、西、南三面,是亚洲大陆向海缓缓延伸的地带。从地质构造上分析,南海海底是受第三纪 NE 向大规模断裂与晚更新世—全新世的 NS 向断裂所控制形成的拉张盆地,海底地形复杂,海底隆起与洼陷相间,海槽与海沟发育。海沟多为北东向展布,其中,最深者 5 559 m,发育了多条优良的深水航线。

3.2.1.2 热带海岛旅游资源丰富,开发条件具备

南海诸岛是我国典型的热带海岛群落,热带海洋旅游资源相当丰富,是一块未开垦的神奇旅游胜地。众多的岛屿,形态各异的地势地貌,极富特色的热带海洋风光,为开展猎奇、探险、游乐、热带海岛的观光、休闲度假提供了较为有利的条件。

图 3-1 南海海洋风光

注:来自百度图片。

3.2.1.3 海洋水产资源开发潜力巨大

南海海域辽阔,海底地形复杂,生态环境多样,深受季风、暖流的影响,加上水温高,季节变化小,浮游生物特别丰富,按照海洋生物的生态分类,已知南海有浮游生物 519 种,底栖生物 6 000 种以上,鱼类约有 2 000 种,以及数十种爬行动物、哺乳动物等。

3.2.1.4 可再生资源相当丰富

南海诸岛地处热带,是我国太阳能最丰富的地区之一以及常年风力风速较

大的地区之一。而目前这里的太阳能、风能、潮汐能资源均未得到开发利用。潮汐与风能能发电,在3级风力,波高0.2 m的情况下,即可发电达60 w/m²;南海表层水与1 000多米深的海底的温差在20 ℃以上,海底地形起伏大,在南海诸岛周围海域易形成海底上升流,它不仅将海底丰富的氮磷营养盐带至上部海水形成渔场,而且可利用上升流冷水温差发电,供给南海诸岛电力,此外还可与常年的热带日照提供的丰富的太阳能发电相结合,为海岛提供动能,尤其是用以淡化海水,意义重大。此外,辽阔的南海诸岛还蕴藏着极其丰富的海洋潮汐能、温差能、海流、盐差能、波浪能。

3.2.1.5　南海油气资源前景诱人

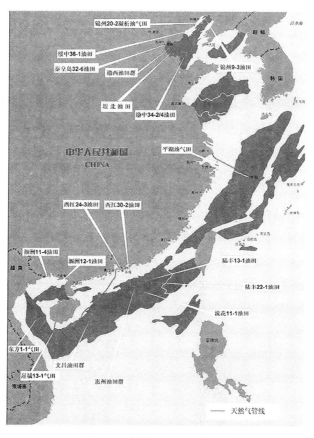

图3-2　南海油气资源分布图

注:来自用地图讲述周边与5国"抢掠"南海油气资源上帝之眼网站 http://www.godeyes.cn。

具有"第二波斯湾"之称的南海,含油气远景良好,具有重要的开发价值。据预测,南海诸岛范围内石油地质储量达 313 亿吨。其中位于海南省海域的含油盆地 12 个,地质储量为 233 亿吨,占南海油气地质储量的 2/3 以上。南海海底还蕴藏着天然气水合物(可燃冰)等。丰富的石油天然气资源的综合开发,将成为海南经济特区的龙头产业,对海南未来经济的发展影响深远。

3.2.1.6 矿产资源丰富

南海海岸带的砂矿资源主要有:锆英石、独居石、铌钽铁矿、磷钇矿及石英砂等,主要砂矿为航空航天硬合金原料,主要在沿海岛沿岸海滩与近海水域分布,我国已进行开发。

3.2.1.7 港口众多,海运航线发达

受地质条件的影响,南海海岸线曲折漫长,港湾水道众多,可建设开发的大小港口有数百个之多,其中,共有万吨级泊位 277 个,为依赖南海周边海岸、发展港口经济和布局临海工业提供了优良的条件。从表 3-1 可以看出,2004 年世界十大集装箱港口该区域占了 5 个,其中,香港、新加坡、上海、深圳位列前 4 位,且增长势头强劲。环南海周边的港口在世界经济联系中发挥着关键的作用,成为联系经济流、货流、信息流等经济要素的重要纽带;而且,港口正逐步由交通枢纽转变成吸引投资的关注点,在经济发展中所起的"引擎器"与"加速器"作用也越来越大,成为海洋经济区形成的关键节点。

表 3-1 2004 年全球十大集装箱港口排名

排名	港口	吞吐量/万 TUE	增长/%
1(1)	香港▲	2 193.0	7.0
2(2)	新加坡	2 000.0	16.1
3(3)	上海	1 455.4	29.0
4(5)	深圳	1 365.5	30.2
5(4)	釜山	1 140.0	10.0
6(8)	高雄	971.5	9.9

续表

排名	港口	吞吐量/万 TUE	增长/%
7(6)	鹿特丹	840.8	17.1
8(7)	洛杉矶	723.5	1.9
9(9)	汉堡	700.4	14.1
10(11)	安特卫普	599.5	10.1

注:括号内是 2001 年排名,▲为港务局数据。

3.2.2 区位条件

南海位居太平洋和印度洋之间的航运要冲,在经济上、国防上都具有重要的意义。南海位于中国大陆的南方,北边是中国广东、广西、福建和台湾四省,东南边至菲律宾群岛,西南边至越南和马来半岛,最南边的曾母暗沙靠近加里曼丹岛。

自古以来南海就是东西方交流的主要通道,世界上 16 个海上咽喉有 3 个在该地区,即马六甲海峡、巽他海峡和望加锡海峡,它们是连接印度洋和太平洋的主要通道。在东南亚,超过 70% 的人口依靠海洋资源为生,其中海上捕鱼分别占亚洲总捕获量的 23% 和世界总捕获量的 10% 左右,南海周边国家的外贸90% 是通过南海的海上运输实现的;同时,南海也是世界液化天然气最大的产区和贸易区,处于亚太经济圈和东亚经济区的交集。可见,南海航线是南海经济圈内各国和地区经济联系和对外交流的命脉,是促进南海经济圈形成的要素之一。南海上空是世界重要的航空通道。中国、韩国、日本与东南亚各地的航线,菲律宾与中南半岛各地来往的航线都要经过南海上空。西欧—中东—远东航线是世界最繁忙的航空线之一,南海空域是这条航线的重要通道;另外,西欧—东南亚—澳新、远东—澳新的部分航线也要经过这里。南海众多优良的港口、四通八达的航海线、丰富的海洋资源为南海蓝色经济区的形成奠定了物质基础和发展条件。

图 3 - 3　南海地理位置示意图

注：来自中国地图出版社。

3.3　南海蓝色经济区合作发展现状和构成要素分析

3.3.1　南海蓝色经济区现状

3.3.1.1　区域内地区经济发展不平衡

　　中国和东盟国家都是发展中国家，但各国经济发展很不平衡。既有经济发达、已经进入了现代化的国家和地区，如新加坡和中国香港特区，人均 GDP 1 万多美元;也有仍被联合国列为世界最不发达的国家,如柬埔寨、老挝和缅甸,人均只有约几百美元。因此中国和东盟各国家应该加大成员国之间的政策协调,改善自由贸易政策,促进共同发展,改善区域内地区经济发展不平衡现状。

表 3 - 2　东盟各国人均 GDP 变化比较　　　　　　　　　单位:美元

	新加坡	文莱	马来西亚	泰国	印度尼西亚	菲律宾	越南	老挝	柬埔寨	缅甸
2001 年	20 735	12 121	3 689	1 837	688	924	415	328	282	161
2009 年	36 631	26 486	6 822	3 951	2 364	1 750	1 120	911	693	420

资料来源:2001 年数据取自 ASEAN Statistic Yearbook 2004,2009 年数据取自东盟网: http://www. aseansec. org/stat/table7. xls。

3.3.1.2　以传统的海洋经济产业为主,海洋经济有一定的增量但发展水平不高

中国与东南亚、南亚国家有着长长的海岸线,不仅沿途风光无限美,还是其经济重要的聚集区。东南亚国家在海岸线方面,尤其以印度尼西亚得天独厚,拥有 3.5 万公里的海岸线,在东南亚堪称"大哥大",在世界上也名列第二。南海区域国家海岸线漫长,岛屿众多,每一座岛屿都拥有洁白的沙滩、湛蓝的海水。泰国巴东海滩、查汶海滩、苏梅岛、普吉岛等,都是有名的旅游点,每年吸引上亿游客旅游,推动了泰国旅游热。菲律宾长滩岛的沙滩曾被誉为世界七大美丽沙滩之一,每年游客如织,热带风情吸引了大量欧洲游客,印度尼西亚金巴兰成为浮潜与深潜的极佳场地。优美独特的海洋环境、海洋地貌为发展旅游业提供了良好的条件,近年来南海区域国家旅游业发展迅速,已经成为海洋经济中重要的支柱产业,例如,中国、菲律宾、马来西亚海洋旅游产值占海洋经济的比重均超过了30%,成为所在国的支柱海洋产业。

海洋渔业是南海周边国家的传统产业,其在海洋经济中一直占有重要地位,泰国、孟加拉国、越南、斯里兰卡等国鱼类丰富,海鲜市场长盛不衰。联合国农业

食品部(FAO)透露,越南水产品已经连续五年保持生产量排名世界第五,仅次于中国、印度、印尼和菲律宾。越南计划把国家的渔业发展成领导性经济部门,其渔业养殖量占世界总量的 30.6%。菲律宾农业部渔业和水产资源局表示,由于厄尔尼诺现象,驻留在菲律宾东部的海洋鱼类将增加,预计今年渔业产量将增加 5%~7%。新加坡则大力发展观赏鱼养殖,品种多样,打造了都市水产养殖的典范。马来西亚将该国的渔业目标产量定为超 50 万吨,这是 2009 年的事情,如今已经达到了这个目标。政府估计,其 12 海里和 200 海里间的中上层资源总生物量为 51.02 万吨,可捕量为 25.51 万吨,还不包含西马东岸约 5 万吨的金枪鱼可捕量。

造船也是南海区域国家重要的海洋产业。印度造船协会的一项研究表明,如果印度造船业保持年均 30%以上的增长率,到 2017 年,印度造船业将有可能完成全球 7.5%的订单,实现 90 亿美元的营业额。泰国则有建设世界一流大船队的野心与计划,并计划要将泰国打造成东盟造修船中心。由此,泰国内阁拨款 10.5 亿铢(约合 3 500 万美元)援助海运业,放宽分期付款期限,让业者用于购买新船,扩大船队规模。新加坡致力于集约化生产船只。孟加拉国已成小型船新制造基地,原本以修船和建造小型船为主的国家菲律宾,现在已逐渐发展为大船和常规船的订单大国。

3.3.2 南海区域国家合作现状

目前,中国和东南亚国家特别是东盟国家围绕贸易、交通、流域开发等领域展开了全面的合作探讨,已经取得了很好的开端和初步成果,当前,该区域的合作组织有:"两廊一轴""黄金四角""澜沧江—湄公河合作""大湄公河次区域""泛北部湾经济合作区"等次区域合作组织。

温家宝总理 2005 年访越时签订的《中华人民共和国政府和越南社会主义共和国政府联合公报》中提出:"双方同意在两国政府经贸合作委员会框架下成立专家组,积极探讨'昆明—老街—河内—海防''南宁—谅山—河内—海防'经济走廊和环北部湾经济圈的可行性。"2006年8月,越南国家主席陈德良对中国进行国事访问,双方在北京发表联合公报表示要"密切配合,尽快完成连接两国的两个经济走廊和环北部湾经济圈的合作研究报告的编制工作"。这些表明,建设"两廊一圈"已经列入中越两国党和政府的工作议程,区域合作已经成为两国的国家战略并取得初步成果。

"黄金四角"经济合作开发区取得了明显的效果但还不理想。10多年来,在中、老、缅、泰四国的共同努力下,"黄金四角"经济合作开发区得到了很好的发展,并取得了多方面的成果,确定了合作内容框架和近期重点,包括改善和加快交通、通信、港口码头、机场等基础设施建设,能源与旅游业开发、贸易投资与经济技术合作、生态环境保护、毒品防止交易和艾滋病扩散控制等。此外,因资金、人力与物力等方面的限制,四国一致同意首先从交通设施建设入手,把疏通次区域合作的交通运输动脉作为近期合作的重点。

"南宁—新加坡经济走廊"是连接中国与东盟的主轴。"一轴"贯穿整个泛北部湾西岸的中国广西、越南、柬埔寨(或经老挝)、泰国、马来西亚、新加坡等国家和地区。这条主要是以公路和铁路通道连接起来的经济走廊将南宁和东盟4个国家的首都连在一起。目前,南宁到新加坡公路距离约为3 900公里。

南宁—新加坡铁路是南宁—河内—胡志明市—金边—曼谷—吉隆坡—新加坡铁路干线,全长约4 900公里,其中南宁至河内安员已建成准轨铁路,除胡志明市至金边市未建设外,其余各段都已经建成米轨铁路。该铁路联通后,北与中国铁路网相连,南接新加坡,形成太平洋西岸的亚洲大陆桥。这条铁路为中国—东盟自由贸易区开辟了一条便捷的铁路大通道。

大湄公河次区域合作是中国与东盟的陆上次区域合作区。澜沧江—湄公河是亚洲一条重要的国际河流,中国境内段称为澜沧江,自北向南流经中国、缅甸、老挝、泰国、越南、柬埔寨等6个国家,于越南胡志明市附近注入南中国海,境外称湄公河。湄公河全长4 880公里,流域总面积81万平方公里。大湄公河次区域合作包括流域内的各个国家。中国云南省和广西是中国参与大湄公河合作的前沿。大湄公河次区域经济合作是1992年由亚洲开发银行牵头,中国、越南、老

挝、柬埔寨、缅甸、泰国等澜沧江—湄公河沿岸 6 个国家共同参与的一个次区域
经济合作机制,其面积 256.86 万平方公里,人口约 2.95 亿。其宗旨是通过加强
各成员间的经济联系,消除贫困,促进次区域经济和社会发展。

表 3-3 大湄公河次区域国家和地区基本情况

单位:km²,万人,亿美元,美元

国家和地区	首都(省会)	面积	人口	GDP	人均 GDP
缅甸	仰光	67.66	4 800	103	214
老挝	万象	23.68	510	18	350
泰国	曼谷	51.3	6 240	1 654	2 738
柬埔寨	金边	18.1	7 630	22	185
越南	河内	32.96	1 190	222	29
中国云南	昆阳	39.4	4 415	365	826
中国广西	南宁	23.67	4 925	501	1 080
合　计		256.77	29 710	2 885	

资料来源:外交部、云南省政府、广西壮族自治区政府网站。

　　泛北部湾经济合作区是中国与东盟的海上次区域合作区。泛北部湾经济合
作区包括环绕北部湾和南中国海的国家和地区,包括越南、泰国、马来西亚、新加
坡、印度尼西亚、文莱、菲律宾、柬埔寨等国,以及中国的香港、澳门、海南、广东和
广西等地区。在这一地区建立一个跨国家、跨地区、跨文化、跨产业的次区域合
作区,对于提高泛北部湾区域整体的地位,扩大共同市场,减少区内矛盾与摩擦,
谋求共同发展,具有重要意义。泛北部湾经济合作区各方都濒临海洋。北部湾
和南海是中国与这些东盟国家联系的重要运输线,海上交通优势十分明显。南
海是太平洋与印度洋的交通枢纽,是国际上最为繁忙的海上商业通道。中国与
东盟的贸易绝大部分是通过泛北部湾海域来进行的,区域内有星罗棋布的海港,
如香港、深圳盐田港、广州黄埔港、湛江港、防城港、钦州港、越南海防港、岘港、胡
志明港、西哈努克港、吉隆坡港、新加坡港,这些港口都是区域内开展经贸合作的
基点。中国与东盟共同拥抱北部湾和南海,泛北部湾经济合作区是中国与东盟

合作发展海洋经济的重要纽带。

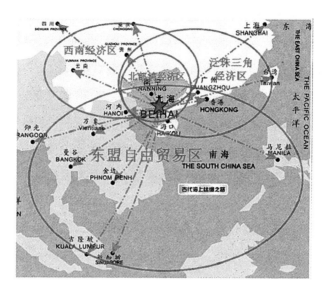

图 3 - 4　北部湾经济区示意图

注：来自北部湾新闻通讯社"广西北部湾经济区全力推进产业聚集发展"http://www.
bbwna.com/。

3.3.2.1　双边贸易持续稳定增长

中国和东盟的经济实力都在稳定增长,双边贸易合作不断扩大。自 20 世纪
90 年代以来,中国和东盟各国之间的贸易额以年均 21% 的速度稳步增长。1995
年贸易额首次突破 200 亿美元大关,2007 年达到 2 025 亿美元,提前三年实现双
方领导人提出的目标。2008 年和 2009 双边贸易总额为 2 311 亿美元和 2 130 亿
美元。中国连续多年为东盟的第三大贸易伙伴,东盟连续多年为中国的第四大
贸易伙伴。从贸易结合度看,双边贸易结合度基本上在 1 以上。

3.3.2.2　相互投资稳步增长,金融合作有序推进

2008 年,东盟来华投资项目 1 323 个,合同外资金额达 81.85 亿美元,实际
投入金额 54.61 亿美元。中国对东盟的投资也在不断增长,目前中国在东盟累
计投资项目 857 个,投入金额 1 087 亿美元,分别占世界各国对东盟投资总额的

8%,占中国对外直接投资总额的 8.25%。

3.3.2.3　存在的问题

通过已有地缘经济合作开发区,不便于在中国与东盟接触地带的东段(即中越边境地区)实现双边或多边互补性要素的集结及其重组,不能有力地促进和方便地实现我国中部、东部、南部等地与中南半岛东部、南部以及隔海相望的东盟国家之间的联系。同时,我国中部、东部和南部等地区经济发展水平相对较高,外向性强,有关经济活动及要素流动与东盟国家间联系的需求、规模、强度等都相对较大。可见,已有的"黄金四角"地缘经济合作开发区在发挥上述作用中显然存在较大局限。另外,中国与东盟国家的经济联系多以贸易、交通、技术等为要素,海洋产业和要素流动较弱,合作尚处于起步阶段,这与世界蓝色海洋发展浪潮极不适应。

3.3.3　南海蓝色经济区构成要素分析

3.3.3.1　地理区位优越,港口众多,海岸线漫长,海洋资源丰富,具备蓝色经济区基本要素

南海地处亚太经济中心地带,西经世界海上咽喉——马六甲海峡,与印度洋、大西洋相通,东出台湾海峡,与日本海及东太平洋世界经济中心相沟通,是连接世界两大经济中心——北大西洋经济中心和亚太经济中心的"世界地理枢纽";具有方便对外经济联系、融入世界经济一体化的先天优势,这正是经济圈开放性得以实现的必要条件。南海是位于太平洋和印度洋之间的"国际通道咽喉",它的重要性不亚于马六甲海峡,而且战略重要性更加突出。在国际航运上,每天约有来自世界各国的 400 艘装运各种战略物资的船舶穿梭其间。2003 年中国从中东、非洲和东南亚进口的石油约占全部进口量的 78%,其中,大部分是从南中国海通过的。在石油资源方面,总面积近 356 万平方千米的南中国海,有十分丰富的油气和渔业资源。日本、中国及东盟各国的石油大都来自于中东,因此,南中国海控制着亚洲的海上石油运输命脉。

　　丰富的自然资源。油气资源方面,南海陆架新生代地层厚约 2 000～ 3 000 m,有的达 6 000～7 000 m。第三纪沉积有海相、陆相及海陆交互相,具有良好的生油和储油岩系。某些国外石油专家认为,仅南沙海域的石油资源量可达 418 亿,南海可能成为另一个波斯湾或北海油田。在世界石油资源紧张、油价大幅攀升的今天,可以预见,南海将是 21 世纪围绕石油开发的热点地区之一。矿产资源方面,优势矿产有玻璃石英砂、天然气、钛铁矿、锆英石、蓝宝石等 10 多种。南海海岸带的砂矿资源有锆英石、独居石、石英砂等,主要砂矿为航空航天硬合金原料。潮汐与波浪能方面,南海海域广阔,具有丰富的风能和波能,可利用波浪、风能发电。渔业水产与药物资源方面,南海地区是珍稀的热带海洋药物资源富集地,具有很高的研究与开发利用价值。南海渔业资源丰富,年捕捞量近 400 万吨。

　　港口众多,海运航线发达。受地质条件的影响,南海海岸线曲折漫长,港湾水道众多,可建设开发的大小港口有数百个之多,其中,共有万吨级泊位 277 个,为依赖南海周边海岸、发展港口经济和布局临海工业提供了优良的条件。2004 年世界十大集装箱港口该区域占了 5 个,其中,香港、新加坡、上海、深圳位列前 4 位,且增长势头强劲。环南海周边的港口在世界经济联系中发挥着关键的作用,成为联系经济流、货流、信息流等经济要素的重要纽带;而且,港口正逐步由交通枢纽转变成吸引投资的关注点,在经济发展中所起的"引擎器"与"加速器"作用也越来越大,成为经济圈形成的关键节点。

　　南海自古以来就是东西方交流的主要通道,南海周边国家的外贸 90% 是通过南海的海上运输实现的;同时,南海也是世界液化天然气最大的产区和贸易区。可见,南海航线是南海经济圈内各国和地区经济联系和对外交流的命脉,是促进南海经济圈形成的要素之一。南亚各地航线,菲律宾与中南半岛各地来往的航线都要经过南海上空。西欧—中东—远东航线是世界最繁忙的航空线之一,南海空域是这条航线的重要通道;另外,西欧—东南亚—澳新、远东—澳新的部分航线也要经过这里。南海众多优良的港口、四通八达的航海线、丰富的海洋资源为经济圈的形成奠定了物质基础和发展条件。

3.3.3.2　蓝色经济区内经济增长强劲,中心城市经济极核逐步形成,蓝色经济区中心构成要素逐步完善

　　南海区域包括 12 个国家和地区,总面积 1 298.31 万 km²,人口 16.24 亿人,经济总量 GDP 为 16 386.27 亿美元(1998)。辽阔的海面、漫长的海岸线、众多的港口及各类丰富的海洋资源,正吸引人口、资金快速向环南海沿海地区聚集。1980 年,南海区域沿海城市人口中国大陆 38 936 万,印尼 29 166 万,马来西亚475.6 万;到了 2006 年,以上国家和地区的沿海城市人口都有了较大的增长,中国大陆及中国香港增长了 3 倍以上,而印尼、马来西亚、菲律宾、越南增长了 6 倍以上,新加坡则增长了 11 倍以上。由此可见,人口在南海区域向海岸线聚集的现象十分明显,这一方面反映了各国沿海经济的发展,另一方面也反映了以南海为中心的区域经济持续活跃,经济圈内要素联系日益紧密。区域内国家和地区经济的快速增长,新崛起的新兴工业国家——中国逐步成为区域的发展极核,为经济圈的形成奠定了经济基础。该区域处于经济快速发展的东亚太平洋经济带,是近年来经济发展最快的地区。发展中大国——中国连续 20 年高速增长,年均 GDP 增长率达到 8%。2006 年国民生产总值 20.94 万亿元(人民币)约合美元 2.63 万亿,比 2005 年增长 11%(同期世界经济增长率为 4%),外贸交易额达 1.75 万亿美元,比 2005 年增长 20%。尽管中国的人均 GDP 依然不高,但中国的总体经济规模已超过 2.6 万亿美元,是东亚地区唯一在亚洲金融风暴中没有受到大的冲击的国家。亚洲“四小龙”四有其三:新加坡、中国香港、中国台湾均在南海经济圈内,“亚洲四小虎”经济实力不容小视。1999 年后,东亚国家的平均增长速度达到 4.6%,中国香港和中国台湾以及东盟各国纷纷走出亚洲金融风暴的阴影;2001 年,在亚洲金融风暴中受伤最重的印尼和泰国也基本恢复到风暴前的发展速度,重新走向经济复苏和振兴的快车道。中国的经济持续快速的增长、东盟经济的复苏、外资强劲推动使得南海地区区域经济持续活跃,而中国已初步发展成为环南海经济圈的增长极核,成为太平洋地区乃至世界经济的亮点。整个南海地区形成以中国珠三角地区、中国香港、中国台湾、中国澳门“经济三角地带”、东南亚增长三角、湄公河区域三角为核心区,其他环南海地区

为腹地,以海洋航线、航空、陆路交通线交织的网络为脉络,以港口、沿海城市、临海工业带为极核的经济圈。

3.3.3.3 区域要素流动加速,环南海国家和地区在文化和传统上有趋同性,利于区域经济体的形成

1995—2006 年中国实际利用外资中,从圈内各国引进的约占 71%;进出口贸易总额约占 37%。东盟各国的华人、华侨数量多且实力雄厚,中华文化在该区影响很大;他们主观上愿意参与经济圈的经济发展,经济圈的发展有历史和文化基础。从表 3-5 看出,中国与东盟各国之间的贸易互补指数呈稳定上升势头,从 1995 年的 0.25 上升至 2007 年的 2.03,在 5 个经济体中仅次于日本,而且差距迅速减小,说明中国与南海周边诸国之间经济贸易联系日益增强,中国对东盟各国的影响力迅速提升,相互依存度增强。从 2010 年中国的贸易总量来看,东盟已经成为继美国、欧盟、日本之后的第四大贸易伙伴,出口和进口均超过了1 300 亿美元。事实上,该区已形成了以东盟、北部湾经济圈、中国南海经济圈等次区域经济联合体,这为泛南海经济圈的最终形成奠定了极为有利的基础。南海经济圈内各国之间贸易联系进一步增强,物流、经济流等经济要素流转速度快,合作市场广阔。

表 3-4　2010 年中国的主要贸易伙伴　　　　　　　　　单位:亿美元

	进出口		出口		进口	
	贸易额	排名	贸易额	排名	贸易额	排名
欧盟	4 797.0	1	3 112.4	1	1 684.8	2
美国	3 853.4	2	2 833.0	2	1 020.4	6
日本	2 977.7	3	1 210.6	5	1 767.1	1
东盟	2 927.8	4	1 382.1	4	1 545.7	3
香港	2 305.8	5	2 183.2	3	122.6	
韩国	2 071.7	6	687.7	6	1 384.0	4
中国台湾	1 453.7	7	296.8		1 156.9	5

资料来源:中国海关统计。

表 3-5　东盟与 5 个经济体出口的贸易互补性指数计算结果

时间/年	1995	1997	1999	2001	2003	2007
澳新	0.29	0.38	0.29	0.33	0.57	0.54
中国	0.25	0.31	0.32	0.34	0.49	2.03
印度	0.14	0.14	0.18	0.27	0.40	1.21
日本	0.51	0.79	0.60	0.38	0.49	2.11
韩国	0.46	0.77	0.79	0.68	0.63	1.97

数据来源:根据联合国统计司"商品贸易统计数据库(comtrade)"国际贸易标准分类第三版三位数的双边贸易数据整理。

3.3.3.4　合作与竞争并存,地区间依存性增强

该区虽多数为发展中国家,存在出口产品雷同的竞争性,但他们的发展水平、国情也存在较大的差异,各国之间的互补性较强,区域内各国和地区的依存性增强(表 3-5)。各国的资源种类及富集程度不同,经济发展存在一定的层次性。缅甸、老挝、越南、马来西亚、菲律宾 5 个国家具有土地、矿产和生物资源优势,中国近南海的珠三角具有丰富的劳动力和巨大的制造产业优势。新加坡、中国香港、中国台湾具有资金和信息优势,若建立经济圈,生产要素可在区域内充分流动和实现最佳配置,这样不仅可以使区域中原材料和燃料供应状况得以改善,而且还能节省外汇,使圈内各国和地区都获得最大的经济利益,从而促进区域经济的发展。资本投资和技术转让的互补性、南海区域国家经济结构和发展水平的多层次性为该地区经济合作开辟了较为广阔的前景。新加坡、中国香港、中国澳门及中国台湾是较为发达的国家和地区,具有过剩的资本和较为先进的技术,中国大陆、马来西亚、印尼、菲律宾、泰国是新兴发展中工业国家和地区,具备一定的工业基础和丰富的劳动力,产业结构调整是迫切的任务,具有承接发达国家工业和产业转移的能力,国家和地区之间的依存度增强。作者选择了南海地区国家和地区之间的贸易、资金流动、人口流向、技术转让等指标作为影响因子对区域内的依存性进行了加权处理分析,由结果可知,南海区域各国对南海经济区的依存性显著,其中,菲律宾、马来西亚、印尼、中国澳门达到 0.55 以上,显示出经济圈内国家间特有的依存性。而柬埔寨、文莱的依存度较差,说明其开放性和区域的参与能

力较差。由于种种原因,各国在经贸合作上的潜力远未得到充分利用。

经贸指数的比值构造可贸易品相对竞争指数 R_{ijk},用以表示 i 国和 j 国同时出口 k 商品的相对优势,体现不同经济体同一商品的贸易互补性:

$$RCA_{ijk} = (X_{ik}/X_i)/(X_{jk}/X_j)$$

该式反映出不同国家相同商品的出口竞争优势,R_{ijk} 大于 1,表明 i 国在 k 商品上相对 j 国存在竞争优势;R_{ijk} 小于 1,表明 i 国在 k 商品上相对 j 处于劣势;R_{ijk} 等于 1,表明两国 k 商品竞争最为激烈。

目前,中国、韩国和澳大利亚、新西兰的矿物燃料和原料在东盟市场上具备一定优势,双边贸易联系也相当紧密;日本和韩国在钢制产品上表现出较强竞争能力;印度以上两大类商品对东盟出口份额都还较小,但增势明显,潜力巨大;东盟市场上,日本是第 7 类商品的生产与贸易强国,随后是中国和韩国,这表明目前日本仍是这一地区机械和运输设备制造业最先进的国家。不过,中国和韩国也在积极对东盟相同进口品份额进行争夺。对于当前东盟进口比重最大的第 7 类商品,日本、中国、韩国是其最主要的贸易伙伴,当然也是相互竞争最激烈的三个经济体。从目前情况来看,东盟内部产品趋同性依然存在,东盟各国与中国的联系越来越密切,中国已经成为东盟的第一大贸易伙伴,南海蓝色经济区内物质流动趋于加速。

如表 3-6,考察期间 5 个经济体与东盟的贸易密集度指数整体上均大于 1,表明互为紧密贸易联系。就各国与东盟的相互依赖而言,日本和韩国对东盟市场的依赖度分别高于东盟对日韩两国的依赖度,而中国除 1996 年和 1997 年外,也表现出相同特点。印度呈现出两阶段特征,1995 年至 2002 年,$TID_{iA} < TID_{Ai}$,之后印度对东盟的依赖程度逐渐超过东盟对其自身。与印度恰恰相反,以 2001 年为界,澳新对东盟市场的依赖度则先强后弱。中国与东盟出口结构趋同态势显著,反映出两者在相同出口品上的竞争关系正在加剧。日本不但是贸易密集度指数最高的国家,而且在东盟最主要贸易品——第 7 类商品上占有压倒性优势,说明目前其与东盟各国的市场依赖度和互补性较强。但是,依历年变化趋势看,这种优势正在被削弱,TID 和 C_{ij} 数值的明显下降就是佐证。韩国与日本情况有些许相似,不同的是韩国各指标未出现较大波动,考察期间表现平

稳。中国在第 7 类商品和 R_{ijk} 指数上与日韩接近,在市场依赖度和贸易互补性方面稳步提升。虽然当前印度在多个指标计算中还处劣势,但上升迹象明显,尤其表现在贸易密集度指数和贸易互补性指数上。现在和过去一段时间内,澳大利亚、新西兰与东盟的大部分可贸易品存在极强竞争关系,两地贸易互补性相对较弱。中国都是东盟双边 FTA 的合理选择,印度与东盟诸多经济条件的良好发展态势会让东盟印度自贸区带来可观收益。相比之下,东盟与澳大利亚、新西兰较低的贸易互补性势必造成 FTA 收益偏向澳新,东盟应在协定内容的具体落实和阶段性推进方面加强关注。由于巨大的地区影响力及与东盟由来已久的贸易联系,日本在东盟对外 FTA 战略中不可或缺。但是,近年来其贸易地位下降和中国等日益崛起迫使日本必须重新评估当前形势,积极应对以迅速摆脱窘境。东盟与韩国双边 FTA(自由贸易区)的适时推进不但使协定收益提前显现,而且也基本符合双方目前的适应能力和合作条件。

表 3-6　东盟与主要贸易国贸易集中度指数

	澳新		中国		印度		日本		韩国	
	TID_{iA}	TID_{Ai}	TID_{iA}	TID_{Ai}	TID_{iA}	TID_{Ai}	TID_{iA}	TID_{Ai}	TID_{iA}	TID_{Ai}
1995	1.98	1.48	1.06	1.04	1.30	1.54	2.66	2.13	2.17	1.16
1996	1.86	1.53	1.03	1.13	1.30	1.72	2.69	2.20	2.33	1.19
1997	1.93	1.67	1.06	1.19	1.08	1.70	2.53	2.21	2.28	1.32
1998	1.83	2.03	1.22	1.21	0.99	2.12	2.41	2.25	2.22	1.59
1999	2.13	2.05	1.22	1.12	1.18	1.92	2.35	2.27	5.12	1.57
2000	2.27	2.05	1.23	1.10	1.16	1.93	2.52	2.26	2.06	1.46
2001	2.20	2.39	1.27	1.10	1.45	1.87	2.48	2.46	2.01	1.66
2002	2.08	2.35	1.32	1.19	1.60	1.65	2.44	2.42	2.07	1.70
2003	2.01	2.34	1.34	1.21	1.86	1.80	2.39	2.17	1.75	1.39
2004	2.02	2.58	1.34	1.21	1.86	1.60	2.39	2.17	1.75	1.39
2005	1.95	2.73	1.31	1.28	1.82	1.56	2.29	2.21	1.74	1.50
2006	2.11	2.73	1.41	1.30	1.19	1.63	2.25	2.19	1.88	1.45
2007	2.23	2.67	1.40	1.33	1.97	1.59	2.61	2.36	1.92	1.47

注: TID_{iA} 为各国对东盟贸易密集度指数,衡量各国对东盟的贸易依存度与互补性, TID_{Ai} 为东盟对各国贸易密集度指数,衡量东盟对各国贸易依存度与互补性。

表3-7　东盟与中国、日本 28 种主要商品相对贸易竞争指数

商品组及代码 (SIDC)	中国						日本					
	1995	1997	1999	2001	2003	2007	1995	1997	1999	2001	2003	2007
036	1.93	2.35	2.38	2.57	3.66	2.68	N.A.	N.A.	N.A.	N.A.	N.A.	N.A.
231	N.A.	N.A.	N.A.	N.A.	N.A.	N.A.	N.A.	N.A.	N.A.	N.A.	N.A.	N.A.
333	1.67	1.80	5.28	5.31	7.02	1.32	N.A.	N.A.	N.A.	N.A.	N.A.	N.A.
334	6.16	5.14	5.84	4.33	4.53	4.56	7.42	9.82	N.A.	N.A.	N.A.	4.12
343	N.A.	N.A.	N.A.	N.A.	N.A.	N.A.	N.A.	N.A.	N.A.	N.A.	N.A.	N.A.
422	N.A.	N.A.	N.A.	N.A.	N.A.	N.A.	N.A.	N.A.	N.A.	N.A.	N.A.	N.A.
634	N.A.	9.11	7.67	4.20	2.68	2.66	N.A.	N.A.	N.A.	N.A.	N.A.	N.A.
752	0.04	0.24	0.27	0.06	0.02	0.25	0.01	0.16	0.20	0.09	0.10	N.A.
759	0.80	2.52	2.64	2.32	1.30	2.40	0.24	0.93	0.97	2.33	1.76	0.28
761	0.02	0.15	0.07	0.15	0.07	0.62	0.02	0.09	0.09	0.11	0.06	0.85
762	0.10	0.06	0.07	0.17	0.10	N.A.	0.32	0.23	0.28	0.93	0.57	0.61
763	0.33	0.34	0.14	0.14	0.09	0.26	0.18	0.20	0.12	0.11	0.09	0.18
764	0.23	0.54	0.11	0.07	0.05	0.13	0.41	0.46	0.52	0.13	0.10	0.67
772	0.25	0.92	0.61	0.57	1.14	0.17	0.15	0.39	0.39	0.31	0.59	0.19
776	0.64	2.39	2.59	0.07	0.06	1.95	0.06	0.32	0.32	0.02	0.02	0.17
778	0.24	0.30	0.46	0.05	0.06	0.53	0.12	0.16	0.13	0.04	0.04	0.03
821	0.23	0.23	0.25	0.20	0.16	0.95	2.38	3.75	3.70	3.54	2.81	1.50
841	0.08	0.10	0.14	0.12	0.13	N.A.	N.A.	N.A.	N.A.	N.A.	N.A.	N.A.
845	0.06	0.08	0.15	0.07	0.09	N.A.	N.A.	N.A.	N.A.	N.A.	N.A.	N.A.
851	0.15	0.10	0.11	0.10	0.09	0.10	N.A.	N.A.	N.A.	N.A.	N.A.	N.A.

注：根据联合国国际贸易标准分类第三版三位数商品类别的中文对应名称，表中商品依次为 036（适宜人食用的水产品），231（天然橡胶、树胶及其物品），333（原油），334（石油制品，精制），343（天然气），422（蔬菜油成口原油），634（饰面板、胶合板及其他本科），752（自动资料处理机及其部件），759（办公室机器的零件及附件），761（电视接收机），762（无线电广播接收机），763（声音收录或重播机），764（电视设备及套件），772（开关设备及零件），736（电离子管，冷凝管），738（电动机械及器具），821（家具及其零件），841（男装及类似纺织物品），845（无弹力的针织外套），851（鞋履），表中 N.A. 为计算结果过小或该年份数据缺陷所致。

3.3.3.5 次区域合作交流日趋活跃

南海次区域经济合作进展较快。其主要的次区域经济体有中国珠三角经济圈、中国香港、中国台湾、中国澳门"经济三角地带"、东南亚增长三角、湄公河区域三角、北部湾经济圈等。以湄公河流域经济圈为例,自 1992 年起,中国开始参与湄公河次区域经济合作,在交通、能源、农业、环境、人力资源开发、贸易与投资、旅游、禁毒等领域,与湄公河沿岸国的合作取得了显著成效。2001 年 6 月,中国与老、缅、泰 4 国实现了澜沧江—湄公河商船正式通航。2001 年 11 月第七次东盟领导人会议批准了"泛亚铁路"和"泛亚公路"的建设。2004 年第八次中国—东盟领导人会议签署的《关于共同推进建设大湄公河次区域信息高速公路的谅解备忘录》指出,将建设一条覆盖大湄公河次区域各国海陆缆结合的信息高速公路,加强各国间在电子商务、电子政务、人力资源开发、网络与信息安全等方面的合作,从而带动地区内各国间的贸易投资与经济合作。区域组织活动日趋活跃:(1) 中国将牵头启动东亚自由贸易区可行性研究,把现时东盟 10 个国家与中国的自贸区机制扩展至日本及韩国,促进东亚"10+3"的合作。(2) 首届东亚峰会在马来西亚吉隆坡举行,使区域合作机制进一步强化、深化。(3) 根据 2004 年 11 月签署的《东盟关于一体化优先领域的框架协议》的文件,文莱、印尼、马来西亚、菲律宾、新加坡和泰国等成员国将在 2007 年前将 11 个优先领域的产品关税削减为零,东盟经济一体化合作深化表现出来的活力将进一步显现。(4) 中越两国开展"两廊一圈"(即昆明—河口/老街—河内—海防—广宁经济走廊、南宁—谅山—河内—海防—广宁经济走廊与北部湾经济圈)等次区域经济合作启动、中国—东盟博览会等区域会展壮大、南宁—友谊关高等级公路开通以及泛珠三角省区的"9+2"区域协作推进,我国与东盟市场的对接双方货物贸易、服务贸易的开放及投资环境力度与效果进一步扩大。2005 年 7 月 20 日,《中国—东盟全面经济合作框架协议货物贸易协议》正式实施,标志着中国—东盟自由贸易区进入了实质性的全面运作阶段。

3.4　南海蓝色经济区协作发展的必要性、重要性

3.4.1　必要性

首先,南海蓝色经济区是全球一体化和南海区域国家经济利益需要的必然结果。当今世界,主要有欧洲共同体、北美自由贸易区、亚太经贸组织。处于世界一体化浪潮中的环南海国家和地区为降低经济全球化的非系统性风险,降低广义的交易费用以及促进金融稳定,强化区域产品的世界竞争力势必要联合起来,寻求区域的合作,共同的利益追求及残酷的世界竞争现实是南海经济圈建立的内在动因。南海地区除了新加坡为发达的资本主义小国,中国的香港、澳门、台湾地区为新兴工业地区外,基本属于发展中国家,其大多数属于发展中小国,且产业结构和出口产品具有趋同性,容易造成区内恶性竞争,在国际贸易和产业结构体系中均处于不利地位。建立环南海经济圈,有利于打破发达国家的进口限制,扩大共同市场的容量。同时,通过协调、合作划分市场范围,最大限度地促使双方国际贸易额同步上升,互利互惠。

其次,该区域国家林立,民族众多,种族和宗教纷乱,矛盾丛生,国家政治动荡、国际恐怖事件时有发生,是世界四大“破碎带”之一。南海疆域划分和资源开发的争端时常引发诸多矛盾,由南海争端引发的政治对峙乃至军事摩擦极大地制约了南海地区国家的安全稳定和经济发展。这些是阻碍经济一体化的因素,但在该区同时也是促成区域走向一体化的动因。建立南海蓝色经济区可以通过超国家的非政府组织,协调南海区域内各方的利益,化解南海紧张局势,促成南海资源开发、南海海域划分等疑难问题的协商解决,共同促进相关国家的经济繁荣和社会稳定,大大增进东南亚的经济安全,进而增进整个东亚的经济安全。另外,我国南海海洋资源被邻国掠夺性开采,海洋形式相当严峻,建立南海蓝色经

济区也是这种形势所迫下的必然选择。几十年来,南海周边国家单方面划定专属经济区和大陆架,侵入我国的传统海域,即"南海断续线"内。这些国家分别控制了南沙的部分海域,造成海域争议叠加、权益争端错综复杂的局面。在 2009 年提交的"外大陆架划界案"热潮中,越南、菲律宾、印度尼西亚和马来西亚等国陆续提出了 7 个划界案,对我国海上包围的范围再度扩大,程度加深。南海周边国家在南海海域非法进行油气资源的商业开采,已经形成了相当大的生产能力。其中越南、马来西亚、菲律宾、印度尼西亚、文莱等国在我国南沙群岛及其附近海域已投入开采的油井达到 1 800 多口,每年仅在我国所属海域开采的石油就超过 1 500 万吨。越南在南沙开采石油已获利超过 250 亿美元,而且这个数字仍在增长中。马来西亚近年来也划出多个深海油气区块进行招标。在渔业资源方面,由于得天独厚的自然地理条件和气候条件,南海成为天然的大渔场。我国从 1999 年起开始在南海实行夏季休渔制度,但越南、菲律宾等国不但说中国"无权宣布休渔",而且趁我国渔民休渔之际大肆捕捞。而我国渔民在该海域的合法作业也常被外国非法干扰,甚至扣押、处罚。我国南海海洋权益和海洋资源受到极

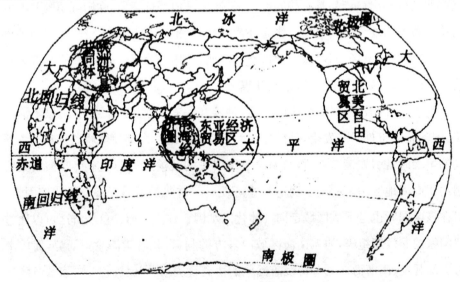

图 3-5 南海经济圈位置

注:来自"南海经济圈的提出与探讨"地域研究与开发 2008 年 27 卷第 1 期 6-10 页。

大的侵犯,必须采取有力的举措来应对这种严峻的局面。

3.4.2 合作开发地缘经济区的普遍性效应及现实意义

3.4.2.1 加快世界空间经济系统的运动与融合

当前世界经济已日益形成全球性的空间经济系统,并通过物质流、资金流、劳力流、技术流和信息流等的互补性流动,使各种资源或生产要素在国际乃至世界范围内进行优化组合,推动经济的发展。地缘经济区因较广泛地存在或可较广泛建设的特点,使邻国之间各种资源或生产要素通过地缘经济区的运作机制和渠道,流动的弹性和优化组合的机制增强,从而推动国际经济的联系与合作,加快世界空间经济系统的运动发展与融合。

3.4.2.2 为参与国别的合作提供新的渠道与机制

地缘经济区将是各国各地区资源与各种要素的汇集地,也是各国(地区)参与经济合作和交流的重要载体及场所。所以,在各国(地区)接触地带形成发展起来的地缘经济区,不仅为参与国或地区开拓经济发展的外部空间,提供更多参加国际经济合作的机会,也为相关国家或地区多种互补性资源或要素提供优化组合的场所与机制。

3.4.2.3 为地缘经济区所在地经济社会的发展提供新的契机与国际合力,带动各国沿边地区的经济与社会发展

各国(地区)边境地带一般都是远离该国(地区)经济中心或"发达地区"的边缘地区,在各国(地区)长期封闭发展的环境下,难有充分发展的机会,使这些边境地区长期处于相对落后的地位。地缘经济区的建立和形成发展,就使得相应的边境地区形成投资与经贸合作的热点、国际资源与要素的集结点以及其他国际外力的作用点和新的经济增长点,由此给所在地区的经济发展带来新的机会与活力。

3.4.2.4　有利于开发沿边地带这一特殊的空间资源

实际上沿边地带是一种亟待加快开发的宝贵资源,边境作为一种特殊的空间地带具有很大的开发价值,其重要原因就是由于边境两侧存在着很大的"梯度差异",这种差异主要包括两国之间自然资源、生产力和科技发展水平、经济结构及经济发展水平、历史文化背景等诸多方面的巨大差别,这种差别的存在使得国与国之间存在着强烈的互补性,从而使边境地带具有巨大的"梯度势能"。此外,边境也是内陆国家和地区出海出境的过境地带,在频繁的人流、物流、资金流、技术流和信息流进出过程中也会获得许多机会。

3.4.3　重要性

20世纪初 H.J.麦金德指出:政治的进程是驱动和导航两种力量的产物。这种驱动的力量源于过去,它植根于一个民族的特质和历史传统之中。而今天则是通过经济的欲求和地理的机遇来引导政治的动向。政治家与外交家的成败很大程度上取决于他们是否认识到了这些不可抗拒的力量。中国海陆兼备,作为一个地缘政治概念,陆海兼备国家更多指背靠陆地与一国或多国为邻、又通过海洋融入到世界体系中的国家,强调地理环境与国家安全的关系。其地缘政治关系比单一的海权国家和陆权国家要复杂得多,表现在"不同程度地受制于战略上的两难和安全上的双重易受伤害性"。其中,只有一个强大的或正在崛起的陆海兼备国家,才可能享受来自陆海两个方向的战略吸引和发展机遇的选择权:既可长驱内陆,拓展生存空间;亦能挺进海洋,获得发展机会。

透视地缘经济时代的历史背景与发展趋势,以及我国在周边地区面临的挑战与隐患,我们可以得出如下结论:

第一,当代世界政治经济格局出现重大变化。其变化表明:地缘政治时代终结,地缘经济时代已来临。地缘经济时代是21世纪中国崛起展开的深层地缘背景,其实质是中国在全球范围的地缘经济之争。世界经济区域化、集团化的趋势日益明显,中国与亚太周边国家和地区的区域经济也即将形成。冷战结束后世界经济已由地缘政治时代两极化转向区域化、多极化、一体化混合成长为互相影响的地缘经济时代。其基本特征是：地缘政治和地缘轴心从军事性向经济性转移，正由欧亚大陆转移到亚太地区；经济区域化、板块化、地缘因素、地理因素、区位因素起着越来越大的作用；文化、文化圈因素影响加大；国际权力政治向国际经济政治转变。从全球地缘格局演变趋势看，世界经济的区域化、板块化的力量对比正取代大国极性力量的对比。在地缘上，包括我国在内的亚洲东部沿海地带称之为"边缘带"。在边缘带外围的岛屿、半岛称之为"破碎带"，包括千岛群岛、日本列岛、台湾、香港、菲律宾的吕宋岛屿等，印度尼西亚的大小巽他群岛以及朝鲜半岛、马来半岛和中南半岛等，破碎带是边缘带发展最直接的外部环境，因此，边缘带之间的缓和，将是中国在"海洋世纪"，尤其是21世纪经济发展时期的重要环境。中国在亚太地缘格局中处于中心地位。中国周边地缘范围与亚太地区基本重叠。中国虽有一定的全球利益，但主要地缘政治利益是在亚太地区。

第二，美日在东亚实施的战略同盟等有关措施，从地缘战略的角度看，已明确无误地表明了未来台湾海峡与南中国海危机的必然性和极端严峻性，不远的将来，如果中国大陆能尽快解决台湾问题，使大陆经济与台湾经济融为一体，中国经济将实现跨越式的发展，极大增加经济实力，提高抵御任何外来危机的能力。中国台湾与泛珠三角经济圈的研究及相应的政治协商、经济整合已刻不容缓。南中国海海区背靠中国华南地区，向南一直延伸到东亚地区的纵深地带，东、西、南三面均为该地区的陆地和岛屿所包围，通过巴士海峡、马六甲海峡和巽他海峡可进入太平洋和印度洋，是沟通两洋的重要通道。这一海域的特殊位置对中国的价值首先体现在战略进取方面，即它是中国对外交往的一个重要通道。中国对南沙群岛主权的动摇和丧失，不但将使中国失去大片经济专属区，而且最为严重的后果是，中国将失去最接近马六甲海峡的战略基地，从而进一步失去对由马六甲海峡进入印度洋这一具有生死攸关意义的战略要地的天然控制力。

第三，中国大陆由于人口超载压力，资源环境、生态环境承载力已濒临极限，南中国海域是中国唯一的资源替代地区，陆地空间是生存空间，海洋空间是发展空间，生存与发展空间的开拓及对外贸易事关民族未来的生死存亡。世界各国对资源利用格局的多极化也是促进世界政治经济格局朝着多极化方向发展的重要力量。正因为如此,资源战略将构成西方大国地缘战略的重要组成部分。南海作为东南亚地区的力量枢纽,目前处于半无序状态。它是中国、俄罗斯、美国、日本、东盟五大亚太力量的汇集点。我国是一个拥有众多人口的发展中国家,人均占有陆地面积仅 $0.08\ \text{km}^2$,远低于世界人均 $0.3\ \text{km}^2$ 的水平。因此,有必要拓展海洋空间,包括生产空间和生存空间。从分析 45 种主要矿产(占矿产消耗量的 90%以上)对我国国民经济的保证程度来看,矿产资源将全面紧缺,有些资源还会面临枯竭的局面。由于我国人口多,导致人均资源占有量很低。

以上三点表明中国地缘战略轴心已移向亚太地区,资本、技术、市场已成为决定国家行为的主要力量。同时随着世界经济中心向亚太地区的转移,中国、东盟、南亚次大陆的地缘关系日趋突出。中国在特殊地缘区位和战略关系下,面对变动中的世界大格局,需要充分利用自身的地缘政治和地缘经济优势,积极参与地区合作,实现和平崛起。我们应在充分审视世界经济区域集团化的大格局下,形成崭新的思路,用动态的发展的眼光,分析国际经济环境,按照经济联系和打通对外道路的思路,从较大范围和各自不同的特点出发,对其所涉及的地区加以规划,从而形成多元、多层次、全方位的互相联系、互相渗透的开放经济网络结构和有机系统,以整体协调参与国际竞争,在世界经济区域化的抗衡、竞争中先行一步,谋求中国经济强国的地位。

中国南向地缘战略含有两个层面,一是致力于维护国家的海洋权益,对内海保持有效的海上控制权;二是争取经济利益及优势。中国南向地缘战略的目的是:中国应成为东亚市场经济体系的中心,建设中国与东盟的经济贸易自由区并推动东亚经济体系进入到一个崭新的地缘经济格局之中去,奠定东亚经济体系基础。其拓展方向与通道是:(1)澜沧江—湄公河流域。云南是其重要通道。它是连接中国、东南亚、南亚的地缘经济板块,是我国通过东南亚、南亚出印度洋走向世界,世界各国从东南亚、南亚进入我国内陆腹地的重要通道。云南与越、老、缅三国接壤,是通向东南亚的要道,对加强我国西部与东南亚地区的经济合作,衔接东南亚、南亚关系有着不可替代的作用。云南与东盟的资源互补容易形成地缘经济中的互补关系,通过合作实现区域经济集团化。云南与东盟在贸易、投资、资源开发、农业合作等方面有较强的资源互补关系。(2)北部湾地区。广西是其连接部。北部湾面积 13 万平方千米,东西宽约 390 千米,南北长约 500 km,涉及人口为 6 000 万左右。这个经济圈包括南海北部的"两国四方",即我国的广西沿海、广东雷州半岛、海南省和越南北部地区。北部湾沿岸诸城市与除老挝外的东盟国家都通过海上直接航线相连。这就使北部湾经济圈与湄公河流域相比,具有开发成本低、基础设施较好,并已形成良好的合作局面的优势。北部湾经济协作区是西南四省区五方唯一的一段海岸线,具有特殊意义。构建北部湾经济圈对整合泛珠三角面向东南亚方向及国际化具有重大战略意义。东盟自由贸易区的启动为北部湾经济圈的形成提供了区域合作的先决条件。中国—东盟自由贸易区基本的经济地理形势可描述为三条经济带,即原东盟六国代表的南部优势经济带,以越、柬、老、缅等转型国家及中国以澜沧江地区、北部湾地区为主的中部弱势经济带,以中国大陆较发达地区为主的核心经济带。中国—东盟自由贸易区的形成实际上是三条经济带之间进行国际分工和合理配置资源,并造成持续的有规律互动的结果。北部湾处于中部弱势经济带并处于中国和东盟结合部的中心地带,应利用其经济区位特征和地理条件,积极参与并利用三大经济带的经济互动。(3)粤港澳经济区。是闽、赣、湘、桂、黔、滇进入国际市场的重要途径和"桥头堡"。以粤、港、澳经济区为基础建立泛珠三角,对于本区域未来的发展非常必要。目前粤港澳经济区对周边省份的辐射作用仍然十分有限,与周边内地的经济关系主要是贸易关系,而在区域经济分工、产业结构互补、相互拓展产业方面仍很欠缺。广东地区加工出口业的原料半成品仍是以海外市场为主。因此,加快泛珠三角的整合有利于促进区域间的产业分工、合理交换和联合协作,建立统一、开放、畅通的市场体系,共同实现经济繁荣,实现中国区域经济由沿海向内地的梯度推进。泛珠三角幅员辽阔,资源丰富,劳动力资源多。但资金、技术、信息相对贫乏,基础设施水平较低,粤港澳经济与上述豌缘区地理相近,相互之间有着悠久的历史、文化和经济联系,特别是改革开放以来,已形成一系列纵横交错的经济合作网络和边际经济区,包括中南协作区、西南协作区、湘黔边区协作区、湘桂川黔协作区。香港是世界贸易中心、轻工业中心、金融中心、运输中心、旅游中心和信息中心。泛珠三角中四省是海洋大省,拥有丰富的海洋生物资源,在轻纺、电子、机械等领域有较雄厚的科技基础。此外,还有较大量的人力资源。泛珠三角应充分利用两地的经济互补性和合作的迫切性,利用香港的"中心"地位,利用其资金、信息等资源,加强联系,促进合作。(4)台海地区。以厦门为中心的闽东南三角洲是具有一定辐射作用的经济增长极。从区域经济及对外经济的角度出发,闽东南的建设重点应是发挥东通台湾海,西靠"大京九"的区位优势,打开更多的省际通道,形成沟通台湾,与高雄"亚太营运中心"接轨,连接东南沿海与内地省区的交通枢纽。加快发展闽西,加强其接受经济辐射的能力,建成闽西经济带。闽西地区位于福建省西部,闽粤赣三省交界处,在厦门经济特区的腹地,建立闽西经济增长带,将对闽西地区和整个粤闽赣边经济区经济发展起着重大的推动作用。南海蓝色经济区的构建与整合正是实施中国南向战略的关键与前提之一。

3.5　南海蓝色经济区制约因素分析

南海蓝色经济区刚现雏形,其具备强大的内在形成动力的同时也存在一系列不利的制约因素,主要体现在:

3.5.1　南海蓝色经济区所属的东盟一体化建设进程不足

东盟是当今世界成员国最具多样性的区域性国际组织之一,但是它在一体化建设进程方面存在许多问题。东南亚是一个多元社会,东盟组织成员国由6国扩展至10国,几乎涵盖了整个东南亚。东盟十国具有不同的政治制度、经济发展层次以及宗教和历史文化背景。成员国经济发展水平差距较大,新加坡人均国民生产总值是缅甸、越南、柬埔寨的 70 到 80 倍,是欧盟内部 16 倍和北美自由贸易区内部 30 倍的水平。东盟区内成员国之间关于领土纷争和资源开发争端的矛盾突出,属于世界著名的地缘"破碎地带"。此外,东盟自身市场规模相对狭小,对外部市场的依赖严重,在一定时期内独立发展经济的能力较弱。东盟国家之间的经济交流与合作绝对量有限。东盟地区经济增长最重要的因素来自东盟每个国家各自在经济上做出的努力,而不是来自经济合作。种种现实情况严重影响了东盟内部发展的一致性与协调性,也会直接影响中国与东盟经济合作的效率。

3.5.2　涉及中国和南海周边国家地区双边的制约因素较多

3.5.2.1　"中国威胁论"的干扰

由于历史、经济等原因,东盟一些国家对中国存在着疑虑和担忧。"中国威胁论"是西方一些国家炮制的为中国和平崛起制造国际政治舆论障碍的言论,在东南亚的市场较小。但面对中国经济的日益强大、吸收外资的增多、大量价廉物美的中国商品涌入当地市场以及更多中国企业参与东盟的投资,让经济结构相对不成熟的东盟国家感到冲击与威胁。东盟国家有些政客基于选举的因素抛出"中国的经济崛起会对区域内的国家造成威胁""中国是东盟最大的经济竞争者"等言论。虽然此类论调在中国东盟的交往中不是主流,但对双方的合作氛围制造出不和谐的因素。

3.5.2.2　涉台问题与南沙主权问题

"台独"势力一直努力拓展其所谓的"国际空间",试图打破在国际社会上越来越孤立的局面,东南亚是"台独"势力活动的重要地区之一。1994 年,"台湾当局"就提出以突破东南亚国家外交关系为目的的"加强对东南亚地区经贸工作纲领草案"("南向政策"),其目的在于通过开展与东南亚地区的"经济外交",加强与该地区的经贸关系,进而建立"政治联系"。东盟与台湾的经贸合作仍在不断推进,双边"官方机构"和有关组织间的低调交往也一直未曾停止。台湾问题涉及中国主权和领土完整,属于中国的核心利益。如果东盟在台湾问题上处理不得当,将直接影响中国和东盟的经济合作。南海权益存在诸多争端,特别是南沙群岛和部分中沙岛屿均与周边国家存在争端。从历史考证看,南沙群岛归属权无可争议地属于中国。如今菲律宾和越南等国都对南沙群岛提出了非法主张,并武装占据部分岛礁,在南海区域开展经济开发活动。中国与东盟在南海岛礁的纷争,已成为中国与东盟开展深化经济合作、构建和谐南海蓝色经济区的重要制约因素之一。

3.5.2.2.1 钓鱼岛问题

钓鱼岛及其附属岛屿位于中国台湾岛的东北部,是台湾的附属岛屿,总面积约 5.69 平方千米。钓鱼岛位于该海域的最西端,面积约 3.91 平方千米,是该海域面积最大的岛屿,黄尾屿位于钓鱼岛东北约 27 千米处,面积约 0.91 平方千米,是该海域的第二大岛,赤尾屿位于钓鱼岛东北约 110 千米处,是该海域最东端的岛屿,面积约 0.065 平方千米,钓鱼岛及其附属岛屿自古以来就是中国的固有领土,中国对此拥有充分的历史和法律依据。但是长期以来,日本在钓鱼岛问题上不时制造事端,无视大量历史事实,竟声称日本人古贺辰四郎在明治十七年(1884)发现"无人岛"。1895 年 1 月,日本趁清政府在甲午战争中败局已定,通过"内阁决议"将钓鱼岛等岛屿"编入"冲绳县管辖。同年 4 月,日本通过签订不平等的《马关条约》迫使清政府将"台湾全岛及所有附属各岛屿"割让给日本。第二次世界大战后根据《开罗宣言》和《波茨坦公告》,钓鱼岛及其附属岛屿在国际法上已回归中国。2012 年 9 月 10 日,日本政府单方面宣布"购买"钓鱼岛及附属的南小岛、北小岛,实施所谓"国有化"。这是对中国领土主权的严重侵犯,是对历史事实和国际法理的严重践踏。

中国政府从外交、法理、海上舆论等多方面采取了一系列有力措施,坚定捍卫国家主权和领土完整。钓鱼岛问题成为我国海上安全环境中面临的热点之一。有一点可以做的就是,中、日两国的学者应为解决钓鱼岛问题发挥应有的作用,如同中日历史共同研究对解决中日间历史认识问题发挥作用那样。两国学者共同研究,在两国共同发布相关资料及观点主张,使两国民众更多地了解对方的资料和观点,知晓钓鱼岛问题产生的历史原委,冷静客观地倾听对方的意见,从而将石原一类狂热的民族主义者边缘化,这样才有可能实现令双方满意的钓鱼岛问题的最终解决。

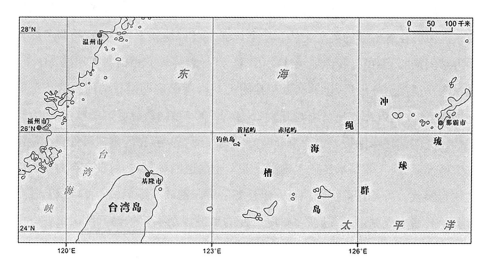

图 3-6　钓鱼岛及其附属岛屿

注:来自中国政府网"图说中国钓鱼岛及其附属岛屿"http://www.gov.cn/gzdt/2012-09/15/
content-2225353.htm。

3.5.2.2.2　黄岩岛事件

黄岩岛曾名民主礁,是南中国海中沙群岛中唯一露出水面的岛礁,国际上称之为斯卡伯勒浅滩(Scarborough Shoal),属中华人民共和国固有领土。位于北纬 15°07′,东经 117°51′,距中沙环礁约 160 海里。黄岩岛以东是幽深的马尼拉海沟,是中国中沙群岛与菲律宾群岛的自然地理分界(黄岩岛距菲律宾苏比克港约 140 海里)。

2012 年 4 月 8 日,一架菲律宾海军侦察机发现黄岩岛潟湖内有 8 艘中国渔船(均来自海南省)。随后,菲海军最大战舰、旗舰——3 400 吨的"德尔毕拉尔"号护卫舰(BRP Gregorio del Pilar,原美国海岸警卫队"汉密尔顿"Hamilton 号,舰龄已有 45 年)向黄岩岛进发,企图抓扣我渔船。4 月 9 日陆续有更多中国渔船进入黄岩岛潟湖躲避恶劣天气。4 月 10 日清晨,在黄岩岛潟湖内避风的中国海南省渔船已增至 12 艘。菲律宾海军"德尔毕拉尔"号护卫舰抵达黄岩岛环礁缺口处,非法将我渔船堵在泻湖内,并放下小艇,派遣士兵侵入泻湖。上午和中午,菲律宾水兵 12 人(其中 6 人持枪)登上几艘中国渔船进行"检查"。菲军水兵要求渔民们在看不懂的英文文件上签字认罪,欲以"偷猎濒危生物"的罪名抓扣中方被困渔船、渔民。我渔船迅速使用"北斗"导航终端的短信功能呼救。中午,国家海洋局接到呼救后,迅速命令正在附近执行南海定期维权巡航执法任务的中国海监 84 船(1 700 吨)、中国海监 75 船(1 300 吨)编队赶赴该海域,对中方渔船和渔民实施现场保护。当天傍晚时分,两船赶到现场,在环礁缺口处横在菲律宾军舰前面,阻止菲军小艇进入礁湖。菲军士兵退回军舰,之后没有再对中国渔船进行骚扰。另外在美济礁执行守礁任务的中国渔政 303 船(1 000 吨级),接到呼救信号后也立刻出发,赶往 300 海里外的事发现场实行护渔。此次由菲方引发的黄岩岛事件引起了国内公众、媒体的强烈关注,并吸引了全世界的目光。

图 3 - 7 黄岩岛地理位置示意图

注:来自凤凰网"专家称菲方误判美国重返亚洲所产生战略效果"http://news.iferg.com/mainland/special/nanhiazhongduan/content - 3/detail - 2012 - 05/10/14423488 - o.shtml。

进入 21 世纪,部分东盟国家在南海不断挑起事端,而区域外大国的主动介入,也使冲突爆发的概率越来越大,昭示着南海争端有不断升级的趋势。

3.5.2.2.3　制度性因素

建立一个开放型的蓝色经济区还是组建一个封闭的区域组织将直接决定中国与东盟两方的收益。作为南南型区域海洋经济合作组织,双方获益空间有限,因为南南型合作组织存在不确定性,通常促使成员国的收入水平趋于发散。南北型合作通常会使成员国的经济差距缩小,促使成员国收入水平趋于收敛。这表明如果中国东盟自贸区建成封闭型的区域经济合作组织,将使各国获得较少利益,而且目前各国经济发展水平不一致,在实行的过程中会出现较大困难。若建成开放型的自贸区,将使成员国获得较多的实惠,但容易导致合作效率低下。

3.5.3　来自区域外的消极因素

3.5.3.1　次贷危机影响蓝色经济区内国家经济合作

以美国、欧盟、日本为代表的世界主要经济体已进入滑坡或严重衰退阶段,在未来相当一段时期里,世界经济整体走势疲软。美国次贷危机引发的全球金融危机已经传导至世界各国,并正在向实体经济蔓延。中国和多数东盟国家均属外向型经济,对外贸易依存度高。中国和东盟的出口市场主要集中在欧美和日本,占出口总量的 80% 以上。金融危机的发生已经减弱了中国和东盟的出口,实体经济增长受到冲击。2008 年以来,受外部需求减弱、人民币升值等因素影响,中国的纺织、服装等劳动密集型行业出口增速明显放缓,长三角、珠三角地区相当数量的外向型中小企业面临困境。从东盟经济来看,受粮食和石油涨价、美元贬值、金融危机等影响,东盟经济结束了近几年保持快速增长的态势,呈现普遍放缓的趋势。

3.5.3.2　美国重返亚太的战略给南海蓝色经济区建设带来不安定因素

美国在亚太地区有着巨大的政治利益、经济利益和战略安全利益,美国的亚洲政策将对中国和东盟的经济合作产生重要影响。近年来,随着世界政治格局的变化,亚太国家经济迅速发展,与欧美衰退的经济形成鲜明对比,亚太经济体持续活跃,已经取代传统的大西洋经济,成为世界的经济中心,在这种情况下,美国从自身经济利益和战略角度出发,提出重返亚太的战略转移。美国历来反对在东亚地区建立把美国排除在外的区域经济合作组织,其智库甚至认为"中国—东盟自贸区的建立最终有可能成为东亚自由贸易的基础,其结果将造成对美国贸易的严重歧视,最终将对全球政治和经济的稳定造成威胁"。美国认为中国在亚太地区的崛起势必影响美国在该地区的利益,"拉拢东盟,孤立中国"的政策将对中国与东盟的双边经济合作产生抑制作用。

3.6 南海蓝色经济区域特征和合作前景

3.6.1 发展与停滞并存,发展为主,有成长为世界级蓝色经济区的潜力

内在的发展机制和外在的促进因素决定了泛南海经济圈的形成与发展。可以预见,在未来的十几年中,南海蓝色经济区的经济发展必定是迅速的,圈内外的经济联系将进一步密切,圈内次级区域经济体会进一步发展壮大,新的经济体将会不断出现。这一切都会加快经济圈的进一步发展。南海蓝色经济区具有港口、渔业、油气和海洋矿产等优势海洋资源,因此,中国北部湾地区与海上东盟国家合作发展海洋经济十分必要,条件也十分有利,前景十分被看好。双方可以合作开发港口建设、海洋船舶工业、海洋渔业、海洋运输、海洋生物医药、海洋化工、海洋生态旅游和跨境旅游、海洋矿产、油气等资源勘查与开发等海洋产业,共同将南海蓝色经济合作区建设成为世界级的海洋经济区。

但是,经济圈的发展也不会是一帆风顺的,经济圈内的摩擦和斗争时刻存在,有时甚至会演化为严重的政治事件和激烈的军事斗争。加之其固有的制约因素的影响,将导致在一段时间内南海蓝色经济区发展缓慢甚至停滞。

3.6.2 系统的开放性

在当今信息化和经济全球化的大背景下,任何区域性的组织都不可能离开世界经济大环境,开放是必然的,也是必要的。

3.6.3 过程的长期性

南海蓝色经济区以发展中国家和新兴工业国家为主,整体实力不强,科技发展水平与欧美经济区相比相对落后,在较长的时期内南海蓝色经济区在世界上的影响力有限,难与北美、欧盟、东亚经济圈相媲美,其发展必将是一个长期的过程。

4　南海蓝色经济区协作机制模型研究

4.1　区域协作模式

由于南海海域辽阔、资源丰富,开发南海资源的合作领域十分广阔,如海洋渔业、海洋运输、海洋生物制药、海洋旅游、海洋能源矿产、海洋开发技术,等等。南海资源的合作开发,既是一个重大的经济问题,也是一个严肃的政治问题,又是一个时间维度较长的问题,因而必须建立长期稳定的合作机制,不同的海域开发选择合适的合作模式。借鉴历史经验和国外经验,本书认为,应在坚持主权属我的框架下,探索南海资源开发的合作模式,主要有如下几种主要模式:

4.1.1　投融资合作模式

南海资源的开发具有巨大的正外部性,资金需求大,必须广泛动员社会资金参与。资金筹措应以国内资金为主,尤其是投资规模小的项目。国内筹资可选择如下渠道:一是财政支持。南海资源开发事关重大,必须发挥公共财政的职能。在中央财政和相关省、区的财政预算中,增加南海资源开发的份额。二是外汇红利。目前,人民币不断升值,为了减缓人民币升值的压力,可考虑用发行货币的办法稀释人民币币值,发行额的一部分用于南海资源的开发。比如,国家设立南海资源开发特别账户,根据实际需要,由央行(中国人民银行)通过发行货币直接划拨,专款专用。三是发行债券。鉴于当前居民存款和企业利润不断攀升,可考虑向社会(包括企业和个人)发行特别债券,如时间长、债息高的特别公债,以募集南海资源开发的资金。需要强调的是,如果国内资金缺口实在太大,可考虑引进外资,但不允许外资独立开采。

4.1.2　风险分摊模式

由于南海资源开发受多种因素影响,风险很大,必须采取适当的模式分散风险。一是根据资源的耗用比例分摊投资风险。由于生产力发展水平的差异,不同地区经济发展水平也有很大差异,而经济发展水平处于不同阶段的地区对资源需求的比例可能不同,需求的重要性和紧迫性也可能不同。因此,要根据资源的耗用比例分摊投资风险。凡资源消耗比例大、对资源需求渴望强烈的地区应承担较大的投资风险。同样,也应根据资源消耗的比例分享效益。从近期看,资源耗用比例大的地区可能承担的风险也大,但如果资源开发成功,其收益同样大,或可长久享用。二是根据盈利能力、出口创汇能力分摊投资风险。不同地区其资源短缺是有差别的,有些地区资源用于生产的比例大,有些地区资源用于消费的比例大。因此,应根据盈利能力、出口创汇能力分摊投资风险,即富裕地区、工业发达地区、出口创汇能力强的地区应该多投资,并承担较大风险,而落后地区、欠发达地区、出口创汇能力差的地区应少投资。如果平均分摊投资风险,获得实惠少的地区可能不愿投资,甚至为了保护自身的资源,阻止开发。三是外资若进入南海资源的开发领域,只允许分享投资收益,不允许控制资源开发权。外资进入我国南海资源开发领域,不仅仅是为了经济利益,而且有的是为了垄断我国市场,控制新兴产业,并掠夺我国的稀有资源。鉴于我国南海不仅资源丰富,而且品种繁多,有些稀有资源极其珍贵,其用途我国尚未查明,因此,在与外资合作开发南海资源时,为了维护我国经济独立和经济安全,必须注意保护我国珍贵的自然资源,即只允许外资分享收益,分摊风险,不允许控制资源开发的权力,也不允许控制资源的流向。

4.1.3　战略合作模式

南海资源的开发关系到我国可持续发展的长远目标,具有很强的战略性,必须把它提升到战略高度去认识,并探索适当的战略合作模式。从目前形势来看,应以渐进式为主,即遵循由近及远、由易到难的原则,因为泛珠三角合作刚运作不久,中国与东盟自由贸易区的谈判才处于起步阶段,许多领域的合作问题尚在论证之中,不可急于求成,并且要辅之以必要的筛选,即遵循突出重点的原则进行选择,比如优先考虑海水利用、海洋生物制药、海洋开发技术等领域。

4.1.4　政府合作模式

南海周边国家和地区较多,南海资源开发涉及多方利益,因此,需要政府合作。其基本模式,对内是政策合作,包括与南海开发相关的经济政策、科技政策、产业政策合作;对外是与东盟各国建立谈判机制和协调机制。这里特别需要强调的是,南海资源的区域合作开发必须坚持主权归我的原则,在这一原则下采取多种形式的合作开发方式。违背这一原则的坚决拒绝,决不能以丧失主权为交换条件,要确保我国主权完整,维护我国的政治权益不受损。至于与周边国家的合作模式可以做多种探讨,积极探索确保主权前提下的海洋资源共同开发,加强海洋产业、技术、资金、人才的要素流通机制建设,为南海蓝色经济区的构建打下坚实的基础。对于东盟中南海非声索国如新加坡、泰国、马来西亚等则可开展积极的蓝色经济协作,作为南海蓝色经济区的优先合作伙伴,利用各自的优势,建立密切的、互补的、层次鲜明的海洋产业集群体系,构建南海蓝色经济区的发展极核和发展轴线。对于非南海地区国家,特别是美、日、俄、印,我们要利用他们之间的矛盾,在反对干涉我国南海内政的同时也欢迎他们参与南海的开发和经贸,特别是资金和技术的引进。总之,要因时因地建立多元、开放的政府之间南海蓝色经济合作模式。

4.2 区域协作机制

要保证蓝色经济区各项任务和目标的实现,必须建立一套高效、协调、灵活的运行机制。蓝色经济区的运行机制指在一定的海陆结合的地理空间或创新领域内,经济活动主体为实现该区域的经济目标而表现出的各种引导和制约决策以及人、财、物相关的各类活动的基本准则和相应制度,包括决定行为的内外因素及相互关系的总和。

4.2.1 调节机制

4.2.1.1 市场运行机制

市场经济条件下,市场在资源和各类要素配置中起基础性作用。市场机制是蓝色经济区发展的内在机制,完善的市场机制可以通过价格机制、竞争机制、供求调节机制、利益驱动机制来引导蓝色经济运行主体的行为,调节蓝色经济区海陆资源配置的运作机理、过程和方式。但是在现实经济发展中,市场机制由于某些因素的影响,使市场本身存在相当大的缺陷,无法实现最优的市场配置,突出表现在:蓝色经济区所依托的海洋资源是公有私益性资源,具有非排他性和非竞争性的特征,单纯通过市场调节(或放任微观经济活动),容易被过度利用。另外,海洋资源开发具有明显的外部不经济(环境污染问题)特征,即在海洋资源开发和利用过程中,由于市场运行机制的调节往往忽视其外部性,造成对海洋环境的影响和破坏。因此,在南海蓝色经济区的建设中要建立完善的市场运行机制,一方面要积极培育和发展南海蓝色经济区内统一的商品市场和要素市场,激活资本市场、贸易市场、海域使用市场、海洋科技市场、人才市场等多层次市场体系,允许资源、资本、技术、信息、人才等自由流动,建立统一开放、竞争有序的市场流通体系。建立和完善涉海产品期货交易机制,形成区域商品集散中心、价格形成中心和具有海洋特色的全国商品重要集散地,充分发挥市场的基础性作用。另一方面要借助于政府的力量,解决市场运行机制中出现的失灵,通过建立明晰的产权制度,解决蓝色经济区建设中海洋资源的过度利用和外部不经济问题。

4.2.1.2 政府调控机制

政府是蓝色经济区运行机制中最主要的行为主体,它不仅能够制定区域经济发展的政策,而且还占有较多的资金和有效信息等资源。正如哈耶克所说:"由于地方政府和消费者对地方的情况和偏好有更加完备的信息,他们可以做出更好的决策。"(Hayek,1945)因此,在蓝色经济区的建设中,政府应充分利用其特殊的身份,从宏观上和总体上"统筹规划、掌握政策、信息指导、组织协调、提供服务和检查监督"。然而,目前在山东半岛地区政府凭借着权力优势和公众代理人的特殊身份,以"命令控制"的方式对各种涉海活动进行直接管理,虽然取得了一定成效,但这并不意味着政府调控的完善性、唯一性和全能性。在现行的调控机制中,政府经常在海洋公共产品的供给上出现"越位""错位"和"缺位",不仅过多干预"私人产品"的生产和交换,而且在安排其职责范围之内的公共产品时显得乏力。为此应明确政府的主导地位和功能,做好宏观调控和统筹协调工作,为经济发展提供稳定的宏观环境;发挥政府的主体功能,推进重大项目发展,加强基础设施的建设;运用行政手段,制定合理的发展规划和财政税收政策,安排蓝色经济区建设专项资金,使其重点用于海洋资源利用、科技成果转化、主导产业培育、海洋高新技术产业、海洋环境保护等关键领域;利用现代信息手段和技术,积极搭建公共服务平台,保证区域信息资源通畅,为区域要素流动的形成提供行政保障。

市场的微观调节和政府的宏观调控都不是万能的,有时会失灵,从而影响蓝色经济区建设的有效运行。为此在南海蓝色经济区建设中应该综合运用市场运行机制和政府调节机制,建立以政府宏观调控为主导,市场运行机制为基础的调节机制,充分发挥政府与市场的优势并实现其最有效的组合。通过双效运行机制作用的发挥,最终市场运行机制和政府调控机制成为蓝色经济区运行中的两条主线,实现南海蓝色经济区建设的集约发展。

4.2.2 协调机制

蓝色经济区是集海洋、经济、社会、生态于一体的现代特色经济区,其建设过程不仅涉及海陆一体化的发展,而且还包括区域内外的协调发展。因此,蓝色经济区的协调机制可以通过海陆统筹、陆海联动的发展机制和区域协调机制来实现。

4.2.2.1 海陆统筹,联动发展机制

海洋与陆地,唇齿相依,互为依托。蓝色经济区海陆经济联系紧密,是海陆资源互补、产业互动、布局互联的最佳试验区,在推动海陆统筹发展方面具有得天独厚的条件。通过对蓝色经济区统一规划,协调海陆产业共同发展,共同治理海陆污染,实现海陆经济共同发展。"海陆联动,统筹发展"主要应包括四个方面的内容。

一是统筹海陆产业布局。产业是发展海洋经济的重要支撑,而产业布局则是海洋资源优化配置的关键。具体到某一个海湾,究竟发展什么产业,不仅要考虑海湾的自然条件,还要考虑海湾背后陆域腹地、交通、现有产业基础、城市发展以及市场发育等状况。但如果从海陆联动的角度来看,情况就有所不同。南海地区腹地较大、市场繁荣、人才聚集,宜于发展航运业与高新技术产业。总之,就海洋谈海洋经济是单向思维,海陆联动则是复合思维,后者更符合南海经济发展实际。

二是统筹海陆基础设施建设。加大南海地区高速公路网的建设投入,为海陆联动发展起了强大的助推作用。高速公路、铁路、港口、电力、供水、通信等基础设施进一步完善后,南海海洋经济将会有更大的发展。统筹发展的关键是要依据港湾产业布局规划,按产业功能需求和发展时序,分轻重缓急,集中力量,各个突破基础设施建设瓶颈,让有限的资金发挥最佳效益,力争立项一个、建成一个、投产一个。同时还要重视基础设施共享问题,做到一路多用、一港多用。

三是统筹海陆港城建设。南海地区究竟可以建设多少"港口城市","港口城

市"的规模究竟多大适宜,这与港湾产业发展定位以及港湾后方原有城市的现状密不可分。比如,有的港湾,本来离背后的城市就比较远,如果其产业定位为临港重化工业,由于现代重工业属于资金、技术密集型,吸纳人口不多,港口城市发展规模就不会太大。因此在做城市规划时,就必须考虑这个因素,否则摊子铺得太大,只能造成浪费。

四是统筹海陆生态环境保护。要实现海洋经济可持续发展,保护好海洋生态环境自然是题中应有之义。但保护海洋生态环境,包括保护海洋湿地、滩涂、防止近海水质污染等,除了在建设海洋产业项目中要严格海洋环境评价制度与海洋环境保护制度外,还要有相应陆域生态环境保护的配合,包括海岸带环境保护、沿海防护林带的建设与保护,等等。还要重视海陆防灾减灾体系建设,进一步提高南海地区防暴雨抗台风抗海潮的能力。要按照科学发展观的要求,努力在海洋资源开发进程中,保护好一片碧海蓝天。

4.2.2.2 区域协调机制

区域协调发展是内在性、整体性和综合性的发展聚合,在蓝色经济区内形成一个有机整体,相互促进、相互协同,通过良性竞争与紧密合作,与区域外部融洽区域经济关系,创造最佳总体效益,形成优势互补、整体联动的经济、社会、文化和生态可持续发展格局,从而达到一种区域内外高度和谐的协调发展高级阶段。实现蓝色经济区区内和区外协调发展是蓝色经济区建设的重要目标。区域协调机制主要体现在蓝色经济区主体区与联动区协调发展和蓝色经济区内经济协调发展两个方面。政府是区域协调发展的推动者和实施者,南海地区应以国家政策为契机,通过构建城市联盟、跨国海洋开发集团、共建经济园区(或经济协作区)等方式,加大主体区与联动区之间的资金、技术、信息、人力资源等生产要素的流动,实现主体区与联动区间的产业对接和经济互动;淡化蓝色经济区内的行政边界,对蓝色经济区统一规划、统一布局和统一决策,逐步建立健全蓝色经济区区域协调机制。最后还应建立法律保障体系,区域规划都是以一定的法律为基础,区域规划的实施必须严格按照法律规定的实施步骤和操作程序进行,这就保证了区域规划在区域发展和协调过程中指导作用的发挥。国家应充分运用立法手段以确保蓝色经济区区域协调政策的连续性和协调手段的具体实施与执行,法律法规的严肃性、规范性和稳定性,才能保证区域协调的顺利进行。

4.2.3 区域合作驱动力

创新为蓝色经济区的发展提供动力,区域创新体系是支撑蓝色经济区发展的主要支撑。从海洋科技和体制等方面进行创新,实现科技、人才和产业的聚集,可以为蓝色经济区建设提供不竭的驱动力。

4.2.3.1 科技创新驱动

以区域科技创新为支撑、海洋科技为先导及外向辐射是蓝色经济区的基本特征。海洋科技创新和海洋高新技术产业及其相关的陆域高端产业代表了蓝色经济区的发展方向,是蓝色经济区建设的核心优势所在。建设蓝色经济区,应充分发挥科技创新对蓝色经济区的带动作用。(1)坚持科技兴海,将海洋资源的有效开发利用和陆地科技创新支撑、产业结构布局和生态环境建设有机地结合起来,形成陆海一体化的创新域;(2)充分发挥海南的海洋科技优势,建设以高技术及其产业化为基点,以涉海企业为主体、市场为导向、产学研结合的技术创新体系;(3)积极推进以海洋科学与技术、国家实验室、综合性海洋科考船、国家深潜基地及重点实验室等为载体,以重大科研项目为纽带,开放各类科技资源创新平台,建立开放、流动、竞争、协作的海洋科技创新体系;(4)合理布局和培育海洋优势产业,争取在海洋生物医药、渔业养殖新品种培育、海水综合利用、海洋新能源、海洋深海、海洋环保等领域形成世界级的领先技术,形成蓝色经济区优势产业增长极。

4.2.3.2 智力流动驱动

蓝色经济区的智力流动是指知识和人力资本在科技企业、高等院校、科研机构、中介机构等系统要素内部以及要素之间的流动。智力流动是蓝色经济区建设中创新的最重要、最基本的形式之一,其实质是要实现蓝色经济区创新要素的有效组合,实现高效的系统创新结构与运行效率。在蓝色经济区建设过程中,应充分发挥南海地区的涉海企业、科研院所和高等院校的优势,通过它们之间合作、技术扩散以及人员流动,并加强与周边省份乃至更广泛的区域外智力资本的交流与合作,实现蓝色经济区智力资本的流动,提高智力对蓝色经济区创新系统的贡献度。另外,还要通过各种综合性的措施,最大限度地吸引蓝色经济区外(国内和国外)的涉海企业、科研机构等参与蓝色经济区建设,充分发挥区域外智力资本对蓝色经济区的推动作用,并使南海蓝色经济区成为我国乃至世界的海洋智力资本的聚集地。

4.2.3.3 产业集聚驱动

蓝色经济区是国家海洋产业最集中的地区,是海洋高新技术产业及其相关的陆域高端产业的核心聚集区。这些海洋产业聚集不仅能够提高产业或企业的生产效率,而且能够降低交易成本,还能产生诸多的效应和集聚效益,如外部经济的渗透,知识和技术的溢出,规模经济的扩散,产品的品牌、区位竞争优势等,正如克鲁格曼指出,这种生产在地理上的集中正是某种收益递增的普遍影响的证明。南海是我国海洋经济较集中的沿海经济区,海洋产业种类齐全,在诸多海洋产业上具有比较优势。因此,应依据现有的资源条件和产业基础,并按照产业集群的理念,优化产业布局,最大程度地实现资源优势互补,形成海洋生物医药、海洋装备制造、海洋能源矿产、现代海洋渔业、海洋交通运输物流、海洋文化旅游、海洋工程建筑、海洋生态环保等优势产业群族,发挥整体优势,克服产业布局分散、低水平重复、配套水平不高、延伸链条不长、规模集聚不强的弊端。

4.2.3.4 空间集聚驱动

蓝色经济区建设中通过海陆产业的聚集形成的创新中心、制造中心和服务中心是其空间集聚过程的源头。在这一过程中,再通过蓝色经济区创新的梯度推移或反梯度推移,使这些中心从核心区扩散到关联区,最终完成蓝色经济区的空间集聚过程。南海地区在海洋生物医药、海洋盐及化工、海洋交通运输、滨海旅游等海洋产业上均具有优势。因此,通过蓝色经济区内主导海洋产业的技术创新与扩散、资本的集聚与输出、规模经济效应来实现区域创新的增长极;利用东南部地区在区位条件、发展阶段、产业结构上的优势,实现海洋和涉海产业链由东南向西北、由海向陆延伸的梯度转移；积极发展和完善南海蓝色经济区中心城市，使其具有"链接服务""创新孵化""集群合作"等功能，实现蓝色经济区创新中心由沿海地区扩散到内陆地区。

4.2.3.5 海洋资源开发驱动

南海地区海洋生物资源品种众多，鱼、虾、贝、藻等海洋生物种类总计 4 168 种，约占全国相应类群种类的 52.2%，此外海底石油、天然气、矿产资源蕴藏量巨大，水资源、潮汐能更是取之不尽用之不竭，而且这些宝贵的海洋资源尚未得到充分利用。随着综合国力的增强，我国加大了海洋科技的投入，实施了海洋科技攻关计划和科技兴海计划，并取得了丰硕成果。传统的海洋产业如海上运输、海洋捕捞、海水养殖有了长足的进展，新兴的海洋能源开发如海洋生物工程、海洋探查及资源开发技术更是发展迅速并有一些突破性的进展，已具备为大规模开发南海海洋资源提供科学指导和技术保障的条件。

因此开发南海资源是南海蓝色经济区中最重要的协作。海洋资源勘探、开发、加工投资大，风险高，需要不同的投资主体合作开发，共同承担风险，降低个体投资风险。同时，南海石油、天然气、渔场等资源一部分处在争议海域，而这种海权的纷争短期内难以解决，为积极推进南海蓝色经济区发展，必须由国家力量提供安全保障，同时通过多层次开发达到发展经济、伸张主权的目的，逐步改变我国现在在南海长期以来形成的被动局面。在明确主权的基础上，开放发展，积极推动蓝色经济区的进程，为海洋资源的联合开发打开绿灯，形成多赢的局势。同时，海洋资源的开放式开发反过来也是蓝色经济区形成的动力之一。

4.2.3.6 利益追求、政府主导和制度保障是基本动因

南海蓝色经济区由中国南海沿海四省、中国香港地区、中国澳门地区中国台湾地区以及东盟的 10 个国家构成，另外，经济区是开放的，将吸引美国、日本、欧盟、俄罗斯等国家和组织的参与，同一个国家不同的地区、企业，不同的国家以及跨国公司是不同的利益群体，围绕南海海洋开发产生的利益驱动是蓝色经济区重要的原动力。实现区域蓝色经济协作的动因和条件，既有经济利益的追求，也有政治利益的驱使，还有文化、制度等利益的作用，是多种利益综合的结果。在

南海蓝色经济区一体化进程中,单靠市场需求来推动是不够的,政府必须主动参与并在其中起主导作用,此外还必须有一套完整的各成员认可和共同遵守的制度做保障。

4.2.3.7　区域一体化和经济区全球化的推动

实现南海蓝色经济区协作主要取决于三个方面:一是参加区域开发的组织后是否有利于形成区域范围的规模经济,增强总体经济实力,从而形成集团竞争力,在世界经济中占有更重要的地位;二是通过取消相互间的贸易壁垒,能否使生产要素的配置和生产分工比此前更趋合理,从而有利于全面提高区域内的经济运行效率和社会福利;三是在实现区域经济一体化进程中所实施的防御战略,能否形成区域集团,使其他后起的区域一体化组织在建立和发展中被动成分多于主动成分。从宏观层面看,世界经济发展的内在要求是区域经济一体化发展的关键动因,实现区域经济一体化是一种次优的选择。

4.2.4　区域协作层次

区域合作的形式多种多样。从经济学的角度看,区域合作包括金融、资源、人才、技术等方面,以直接投资、技术合作、人才交流、企业合并成企业集团等形式发挥作用;以合作双方的背景来看,可分为发达地区之间的合作、不发达地区之间的合作,以及不发达地区与发达地区之间的合作,且随着发达程度的扩大,其合作的形式也越来越多;从地域的角度看,有行政区内、行政区间、流域内、国家间、国家与区域组织间,等等;以合作发展的阶段看,可分为最早的贸易联系形式的合作、经济要素之间的合作、综合经济合作、区域经济一体化,等等。南海蓝色经济区是一个跨区域、多国家、多元化的协作经济体,其参与主体既有国内的不同省份和地区,也有环南海国家、跨国公司以及域外大国,既有政府层面的交流和协作也有企业之间的合作行为,总体来看,南海蓝色经济区区域协作分以下几个层次:

4.2.4.1 国际间协作

在确保主权的基础上,中国与南海周边国家在开发南海过程中,在海洋资源开发、投资、风险管理、产业互补、产品贸易、港口开放、旅游、人才教育、海洋新技术开发与转让等领域将和南海周边国家展开协作,构建南海蓝色经济区。

4.2.4.2 省际协作区

这种协作主要是由我国相邻的广西、广东、海南三省以及台湾、香港之间展开的就海洋经济的某一部分之间的协作。它打破行政区的界限,行使区域协调管理机制,以各方轮流做主席,定期召开会议来协调各方利益。有的成熟的经济区,还有固定的机构来协调本区的有关事项。这种协作的职能是促进区内资金、资源、劳动力、信息等要素流动,形成区内统一市场,加强区内的贸易,优势互补,共同发展。

4.2.4.3 省内协作区

这种协作区的范围局限于一省,由省内相邻市县形成,如珠江三角洲经济区。其特色是由一个省内条件相似,发展水平相近的地区组成,由于在一个省内,多为由省政府出面进行联合,成立联络处或规划协调领导小组等形成的协调机构,并由省政府领导,有的成熟地区已开展区域规划,如珠三角经济区已进行2010年远景规划。相比前种形式,其结构上要紧凑,容易形成区域经济一体化。其职能也是解决区内的发展问题,推动区内经济一体化和联合发展。

4.2.4.4 城市协作区

这种类型的协作区,是以一个沿海大城市或一组相关城市为中心联合,或由城市群体之间形成的经济合作区。城市是区域的中心,是人口、资金、物资、信息和技术等各种要素的汇集地,又是它们向周围地区扩散的源头,是蓝色经济的桥头堡和核心所在,充分发展沿海城市在南海开发中的中心作用,促进区域的共同发展,是建立蓝色经济区的目的。

4.2.4.5 发展水平不同的沿海地区对口支援的经济协作

这种形式是把沿海发达的省、市与老、少、边、穷地区对口支援,以县与县结对、企业结对和跨地区加入企业集团等形式,结成经济协作。以沿海地区在资金、技术、信息等方面的优势以及在企业管理经验和发展的经验等方面的优势，与不发达地区在资源和劳动力等方面的优势互补，来促进不发达地区的发展，通过到不发达地区投资，开发资源和产品，为其培训人才、联合办厂、输出技术、提供信息等形式来合作。这种形式的合作对不发达地区的发展有促进作用，如广东对口支援广西，从 1986 年至 1989 年，广西新增产值 1.45 亿元，同时广东也得到了广西在原材料等物资方面的支援。

4.2.4.6　海洋资源开发协作

这类协作是区内拥有共同开发的资源，为充分开发和利用资源，各方在国际公约、缔结的开发合约或相互协商下，有计划、有步骤地开发和利用资源，形成合理的产业结构，避免相互竞争，发挥合作优势，共同发展，如海南国际旅游岛、北部湾经济协作、跨国石油公司等。通过成立海洋资源开发办公室，来制定规划、政策和措施，促进区域横向经济联系，企业之间的合作以及技术、信息、人才等方面的交流。

4.3　区域协作要素分析

4.3.1　蓝色经济区产业结构与产业布局规划战略分析

产业结构与产业布局不仅要与蓝色经济区的功能定位相一致，而且要有助于推动蓝色经济区功能的扩展与升级。从短期内看，蓝色经济区的产业结构与布局是为了实现其初步的功能，而未来的产业升级是为了进一步提升蓝色经济区的功能。蓝色经济区的功能不仅要与国家和地区的经济水平相适应，而且还要受国际经济影响，这就决定了蓝色经济区的功能是一个动态变化的过程，这种过程自然需要产业升级来实现。从这种层面上讲，产业结构和产业布局规划不仅与蓝色经济区基本功能定位密切相关，也决定了未来蓝色经济区建设的经济走向。从发展战略的角度来看,蓝色经济区建设要遵循地区实际,推行渐进发展的模式,强调低端产业的保护性和高端产业的高附加值,并促进两者的联动发展,最后实现共同的产业升级,形成较强的地区经济竞争实力。从动态的角度出发,还应该充分地挖掘地区资源优势,实现海洋资源与陆地资源的有效融合,以沿海地区的产业带动陆地产业的发展,进一步拓展蓝色经济区的外延,实现陆海经济联动的区域经济建设目标,并形成区域经济较强的国际竞争力。

4.3.2 蓝色经济区资源整合战略分析

从资源可开发量角度划分,海洋为经济发展提供了两类资源:一类是有限资源,如石油、天然气、矿产资源等;另一类是无限资源,如太阳能、风能、潮汐能等。对有限资源,特别是专属经济区内的有限资源,要强调资源保护和优化配置;对于无限资源,要提高开发利用程度。对海洋所提供的各类有限资源,其利用开发必须要与其他资源进行整合,以实现资源优化配置,实现地区经济资源利用效率的最大化。对于非枯竭资源,要大力发展海洋资源的科学技术,提高资源开发能力,大力发展高端产业,扩大资源利用范围。以沿海资源拉动内陆经济发展,以内陆科技资源推动海洋资源深度开发利用。陆海联合及资源整合是建设蓝色经济区所要遵循的基本战略,也是最为重要的战略之一。

4.3.3 区域内次区域协作和经济极核分析

面对强大的"欧洲经济圈"和"美洲经济圈"的压力,东亚国家和地区岂能束手无策。最现实的办法就是首先发展"次区域"经济合作,形成若干个次区域经济圈,然后在条件慢慢成熟的基础上再进一步发展到区域经合作,即建立太平洋经济圈。从次区域经济合作过渡到区域合作,这也符合一般的事物发展规律。先发展次区域经济合作是一条切实可行的道路。事实上,在欧洲,在拉丁美洲,在非洲,在世界其他地区,包括在亚太地区,已经出现或正在建立各种次区域合作组织,有的是双边的,有的是三边的,有的是多边的。就亚太地区而言,东盟可算是一个最早建立起来的次区域合作组织。当然,东盟建立的初衷并非专为经济合作,但是经过数十年的努力,东盟各国的经济发展确实取得了巨大的成就。各成员国从原来贫穷落后的状态下逐步摆脱了出来,有的成员国现已发展成为新兴工业化国家,并进而向进入发达国家的行列迈进。有些成员国正在向新兴工业化国家攀登。目前在亚太地区,各种次区域经济合作的设想正不断涌现,诸如"华人经济圈""大中国经济圈""南中国经济圈",等等。这种次区域经济圈的设想比起环太平洋经济圈的设想要现实得多。

随着南海蓝色经济区的推进,资金流、物流、人才流等要素将进一步向南海周边的城市集聚,南海周边城市将围绕南海的开发更加发育强大,成为辐射周边的经济发展极核,例如:中国的香港、广州、海口、北海、南宁等城市,新加坡,以及越南的岘港、Hongay、海防、河内、西贡、胡志明等。

同时,围绕南海蓝色经济区将有一系列经济发展轴线发育,例如:中越"两廊一圈"(即昆明—河口—老街、河内—海防—广宁经济走廊、南宁—谅山—河内—海防—广宁经济走廊与北部湾经济圈)。这些发展轴线和以上的中心港口城市组成了南海蓝色经济区的发展脉络以及核心,在区域协作中起到重要的支撑作用。

4.4 区域内危机管控和协调

21世纪,美国竭力介入南海问题,近期一面煞有介事地发表所谓"南海声明",片面无理责难中国南海"维权"新举措,一面加紧武装菲律宾与拉拢越南,企图以莫须有的南海"航行自由"问题为由,为自身"重返亚太"制造借口,更借此离间中国与东盟关系,扰乱中国周边环境,迟滞中国崛起进程,玩弄制造紧张、利用矛盾、乱中渔利的所谓"巧实力"。随着近来钓鱼岛、独岛、北方四岛等争端四起,东亚海洋角逐持续升温,亚太海权新格局日渐显现:日本与中、俄、韩三国存在纷争,菲律宾与越南对华强硬,日与菲、越相互利用,美国作为"域外大国"与"第三者"到处插足,对争端"表面中立",实则立场清晰,即"挺日、援菲、助越、遏中"。美国"重返亚太"堪称东亚海洋争端扎堆发作的"激活者"与"催化剂",当前亚太海洋态势日趋严峻,《华尔街日报》列出"五大可能扰乱全球市场的冲突事件",仅东亚岛屿争端就占了三个,对此警讯东亚各国应予重视,应共同致力于危机管控、热点降温与矛盾缓和。南海海权竞争加剧的背后是亚太格局重新洗牌,中国面临的挑战不亚于机遇,海洋权益争端危机会干扰、迟缓甚至打断南海蓝色经济区的推进,对于该问题应从战略上积极应对、有效掌控。维护南海的和平稳定是区域内外国家的共识,战争不符合各国的利益。因此,南海发生大规模战争的可能性不大。"但可能性不大并不意味着没有冲突",伴随着南海军备竞赛加剧,未来南海地区擦枪走火的可能性增加,南海地区安全受到威胁。目前,中国海洋执法力量分散、资源难以整合,无法形成合力,在海洋战略、危机管控能力方面有待提升。中国应加强危机管控能力建设,统一海上执法力量,整合海监、渔政、海警、救援、边防等多头力量,建立海岸警备队,同时适当改革某些体制、精简相关程序,重新整合海洋管理和海防力量,在维护南海海洋权益上赢得更多主动。

第一,维护南海主权毫不动摇。南海问题主要是指南沙群岛的领土主权和海洋权益争议。从20世纪70年代起,东南亚一些国家相继对南沙群岛提出领土要求。目前,尚有多个国家在南海资源开发上存在争端,因为在东盟内部,不同成员之间在南海问题上本身就存在争议,但是有些国家已经采取了合作开发的模式。主要矛盾和争端来自菲律宾和越南,越南是侵占我国南沙岛礁最多的国家,既得利益和对中国崛起后收复南沙失地的忧虑使其不断挑起争端。菲律宾是另一个侵占我国岛礁较多的国家,在美国撑腰的情况下,狐假虎威,最近在黄岩岛挑起事端,企图进一步侵吞我国南海资源,侵犯我国主权。一方面,对历史上形成的他国吞噬我国南沙岛礁我们一方面坚决斗争,逐步把外部侵略势力挤出南海;另一方面,在稳定现状的情况下积极开发争议地段,可采取国际招标的形式,海警定期巡航宣誓主权。我国三沙市的设置是我国维权的重大战略,具有重要意义。

第二,南海问题中国主张以和平方式谈判解决争端,同时坚持国家核心利益不容侵犯的原则。根据这一主张,中国已同一些邻国通过双边协商和谈判,公正、合理、友好地解决了领土边界问题。这一立场同样适用于南沙群岛。中国愿同有关国家根据公认的国际法和现代海洋法,包括 1982 年《联合国海洋法公约》所确立的基本原则和法律制度,通过和平谈判妥善解决有关南海争议。中国政府还提出"搁置争议,共同开发"的主张,愿意在争议解决前,同有关国家暂时搁置争议,开展合作。近年来,中国与有关国家就南海问题多次进行磋商,交换意见,达成了广泛共识。中越磋商机制正在有效运行,对话取得不同程度的进展。同时,我国南海权益正遭受严重侵害,维护南海海权是我国的核心利益不容侵犯,力争在和平谈判的方式下与有关利益方解决相关争端,但是在国家利益遭受侵犯时应坚决回击,必须彰显我国维护南海主权的坚定意志,为不守规矩者划出红线,触犯必严惩。

第三,学会掌控危机。在对待争端和危机事件时用对话、协议、法律、规则、管控等不同形式解决。中国与东盟在经贸领域的合作使双方相互依赖程度加深,并在规则和制度安排方面也取得了重大进展。所谓制度安排,主要是指双方的各种关系与合作建立在制度与规则的基础上。制度安排的建立和发展是双方相互依赖程度不断加深的结果,反过来又将增强双方的相互依赖。当出现争端的同时相关方又采取不友好的态度拒绝对话协商,我们既要对外部挑起的争端进行有理有利有节的斗争,同时又要适时降温,管控危机,不使其向失控的方向转化;要向美国等成熟的海洋大国学习管控能力,要学会反摩擦的能力也要学会利用冲撞,不要怕危机,在必要时可适当合理制造"合理冲撞",在管控这些争端中获取国家利益,掌控南海局势的主动权。

第四,谋划我国南海国家战略。运筹以近海与传统安全为重点的海洋战略,"海洋外交"善于合纵连横,联合俄、朝、韩以及与东盟有关成员国,防止中俄关系被美日分化,对日、越、菲加强威慑反制,认清美国两面派本质。海洋"维权"注重两岸三地"大联合"与官民并举,统筹内政与周边两个大局,妥善借助民意、民智与民力,防止海洋争端失控、干扰国内改革发展,稳定大局。顺势谋划中国的南海战略,包括形势、机遇、挑战、目标、原则、手段、途径、布局以及美国因素,主动运筹中国、邻国、美国三方"南海大博弈",破解安全与经济严重脱节的"二元结构"。

4.5　南海蓝色经济区效应

4.5.1　促进区域内国家经济元素流动加速,引导区域核心经济极核发育

南海蓝色经济区位于东北亚板块与东南亚板块的"结合部"位置,是两个板块间物流、资金流、信息流和人员流动的必经之地,因此在东亚经济结构中具有联系和沟通南北方经济的战略意义。泛珠三角经济圈的形成,可以促使与东南亚进行产业协作,形成环南海经济圈。从资源角度看,南中国海有1万亿美元的资源蕴藏,是中国大陆除沿黄—陇兰经济区域带以外唯一资源替代地区,是21世纪中华民族生存的主要依托。从地缘角度看,环南海地区位于日、欧、美、加经济多角地带,是亚太经济合作区域的中心地带,这一地带主要包括中国大陆、港、台、新、马、泰、印尼、菲、越、柬等10多个国家和地区。在这一地区,社会制度、经济发展水平、市场完善程度差别大,但文化传统生活习惯、地域联系等多方面都存在着广泛的共同点。东南亚在交通、资源等方面拥有举足轻重的战略地位,它是中国从海上与世界沟通的重要通道;拥有锡、石油、天然橡胶、稻米等丰富的战略资源,是世界上锡、天然橡胶和大米的主要生产、出口地区。至今,东南亚已不仅是重要的资源产区,而且已成为亚太经济区的主体之一。东南亚的森林面积广大,主要有柚木、冷杉、红木、紫檀、硬木等,其中柚木占全球蓄积量的90%。东南亚也是世界主要的橡胶生产区,橡胶产量占世界总量的80%。石油、天然气、锡、铁、镍、铁矾石、煤等其他矿产的含量也十分丰富。截止到2000年,印尼已探明石油储量500亿桶,天然气73万亿立方米。马来西亚分别为30亿桶和59.1兆立方米。文莱、越南等国也是重要的石油、天然气出口国。

尤其重要的是,东南亚华侨的亲缘、地缘、业缘、神缘和物缘五缘网络已越来越成为环南海民间交往的纽带和联系的桥梁,通过华侨引进资金、技术、人才和管理经验,互惠、互补、互助的经济协作圈关系已在初步形成。从长远看,日本市场难以进入,美国市场的贸易保护主义日趋严重,而东南亚国家人口众多,商品需求结构与中国相应,是亚洲市场尚待开发的处女地。如印度尼西亚有近2亿人口,生活水平处于中低档,对中国的轻工业品和消费品有大量需求。在南海诸国中,有的国家彼此经济发展水平虽然存在着一定的差异,但就各自的特点来看,可以开展以水平型经济分工为主的混合国际合作模式,开展互惠互利的分工合作,发挥各自优势。环南海经济区形成以后,将出现一个地域庞大(12 983.109 km²)、人口众多(62 401.70 万人)、经济总量可观(GDP 16 383.27亿美元)、贸易往来频繁(进出口值 9 735.95 亿美元)的经济区域。再往西南则由广西、云南与中南半岛的泰国、缅甸、越南等国家经济合作形成澜沧江—湄公河经济走廊、中南经济圈。长江三角洲则是南北经济圈的纽带。

南海蓝色经济区的形成也将构成"东亚走廊"的一部分,"东亚走廊"是一个幅员广大的带状区域,从印度尼西亚的雅加达开始,贯穿新加坡、科伦坡、曼谷、胡志明市、河内、马尼拉、香港、广州、福州、台北、上海、南京、济南、天津、北京、沈阳、平壤、汉城、釜山、冲绳、九州、北海道和西伯利亚沿海地区。根据联合国的预测,到2025 年,全世界的城市人口将达到 53 亿,与 1997 年相比,增加 27 亿。而在东亚,上述走廊地带的城市人口将增长近 9 亿。在未来 30 年内,东亚走廊地带的城市化进程将进一步加快。在这一区域内已形成了许多副区域经济体,如由中国南部的广东、福建与香港和台湾构成的区域,由柔佛(马来西亚)和廖内群岛(印度尼西亚)构成的 SIJIORI 三角区域,以及经济合作蓬勃发展的湄公河流域。

4.5.2 加快中国海洋开发与产业兴起

世界各国都将海洋看作是"21 世纪的资源",把对海洋的开发看作是"新技术革命"的重要标志。开发海洋资源,发展海洋经济,推动着世界经济的蓬勃发展,海洋作为新的经济增长领域,其重要性越来越显著。在目前世界海洋开发的产值中,海洋油气的产值一直居首位,其次为海洋交通运输业、海洋渔业、海洋旅游和海洋盐业。蓝色经济区的构建和发展将带动南海周边四省区港口、海上运输及其设备制造业,远洋和"三高"渔业及海产品加工、贸易,海洋油气工业及滨海旅游业的迅速发展,构成内联外引,开放、整合的海洋开发新格局,以此带动和促进华南沿海地区经济的全面发展。南海蓝色经济区的构建也会刺激海洋科技的投入,加快海洋生物产业发展和海水直接利用,拉长产业链,构建海洋蓝色产业集群,培育海洋经济发展的新生长点,促进海洋经济结构的逐步优化和产业升级,促进交流,弥合因政治因素分歧以及领土争端引起的地缘分裂,为最终和平解决领海争端创造良好气氛和条件。同时,海洋科技的发展将促进进一步探察海洋的未知领域趋势的发展,为将来的海洋开发提供新的空间和新的思路。

4.6　目前区域协作切入点

当前合作的重点是:

(1) 加大在海洋资源勘探开发上的投资。随着我国经济的飞速发展,国内对于能源的需求也是日益增加,特别是在国内诸多地方都将汽车产业作为未来经济发展的支柱产业,汽车消费迅速增加的情况下,国内对于石油的需求更是急剧的增长。南海地区蕴藏着丰富石油、天然气和天然气水合物等矿产能源资源。但目前我国对南海海洋石油资源的开发力度较小,而其开发潜力还非常大,所以应加大在海洋资源勘探开发上的投资,重点是对印尼、马来西亚、越南、文莱的投资,以增进本区石油自给所占份额,缩短运输距离,避免过分依赖马六甲海峡。

(2) 积极在泰国、缅甸进行风险勘探和开发作业,泰、缅与我国西南相联结,有利于陆上运输。1975 年 7 月 1 日,中国与泰国建立外交关系,两国关系保持健康稳定发展。2001 年 8 月,两国政府发表《联合公报》,就推进中泰战略性合作达成共识。2012 年 4 月,两国建立全面战略合作伙伴关系。2013 年 10 月,两国政府发表《中泰关系发展远景规划》。中国是泰国第二大贸易伙伴,泰国是中国在东盟国家中第三大贸易伙伴。2013 年中泰双边贸易额 712.6 亿美元,同比增长 2.2%,其中中国出口 327.4 亿美元,同比增长 4.9%,进口 385.2 亿美元,同比下降 0.1%。2013 年泰国来华直接投资新增 4.8 亿美元,同比增长 521.5%。中国对泰非金融类直接投资新增 3.9 亿美元,同比下降 10.5%。中国企业在泰新签对外承包工程、劳务合作和设计咨询合同额 22.8 亿美元,同比增长 187.9%,完成营业额 13.2 亿美元,同比增长 22.3%。缅甸毗邻中国和印度,也是唯一连接东南亚和南亚的陆路通道,战略地位的重要性不言而喻。缅甸扼守印度洋与太平洋要道马六甲的出入口。通过取道缅甸,可以将输油管道直接铺到印度,不必再绕道繁忙的马六甲海峡。从地域上来说,中国与缅甸接壤,也不存在边界划分的问题,中缅之间维持良好的双边关系,有利于边境的安全和发展。因此我们目前应积极在泰国、缅甸进行风险勘探和开发作业,促进中国与泰国、缅甸的合作共赢。

（3）参与东南亚重大油气跨国合作项目,研究东南亚输气管网进入我国西南地区的可行性。与大西洋盆地相比,目前东南亚的深海油气活动规模仍然较小,对大型跨国公司的吸引力不及西非、巴西和墨西哥湾,但未来东南亚地区深海油气资源潜力不容忽视。近年来该地区许多国家和地区发放了勘探许可证,如马来西亚、印度尼西亚、越南、缅甸、菲律宾、泰国、文莱等。2002 年 9 月中国海洋石油总公司(中国海油)就南海几个中深水海域,正式面向外国公司招商,总面积 7.6 万平方千米,水深 3 002 000 米。中国海油先后与哈斯基、科麦奇、美国丹文能源公司以及英国天然气集团公司（BG Group）4 家公司建立了合作伙伴关系。2006 年,中国在南海发放了 6 个深海勘探许可证,哈斯基石油中国有限公司继发现了荔湾深海大型天然气田之后,又获得了一个深海区块和两个浅水区块的勘探许可证。BG 获得其余三个许可证。2007 年,中国海油与美国新田石油公司签订 2 个产品分成合同,双方合作对我国南海的 22/15 和 16/05 两个区块进行勘探开发。

（4）加紧研究与东南亚、日、韩合作开辟第二海上输送或与泰、缅合作开辟经中国西南的陆上通道的可能性。中、日两国是世界上经济规模仅次于美国的两个国家，两国之间的贸易和投资在双方的对外经济中占有重要地位，2010年中、日两国间的贸易总额约为1 383.7亿美元，再创历史新高，中国已成为日本最大的贸易伙伴。然而，随着两国经济合作的深入，许多问题开始呈现出来并制约着两国的经济发展，如何进一步推动中日之间的经济合作，开辟第二海上运输是摆在中、日两国之间的重要课题。同样，中、韩两国经济合作潜力巨大，前景十分广阔。中韩贸易总量增长非常快。1992年贸易额仅为50亿美元，2006年达到1 343.1亿美元，增长近300倍。中韩贸易在2005年时即达到1 119.3亿美元，成为继美国和日本之后的第三个对华贸易超过千亿美元的国家。目前，韩国是中国的第六大贸易伙伴、第六大出口市场和第三大进口来源地。而中国则是韩国第一大贸易伙伴、第一大出口市场和第二大进口国。在韩国，每两家贸易企业中就有一家和中国进行贸易；而在中国，每三家贸易企业中就有一家同韩国进行贸易。可见，中韩贸易发展分别快于中日、中美贸易11年和9年时间。进一步加强与韩国的合作，开辟第二海上运输，也是当前区域协作的重点。

（5）积极加大南海深水区的勘探力度，积极研究尽快实施南海有争议区油气资源共同开发的具体方案。我国浅海大陆架上的盆地都进行了包括钻井在内的油气勘探。渤海、东海西部、南海北部已有成批油气田投入开发。我国的深水—超深水海域几乎全部分布在南海。

南海油气勘探开发的可能干扰分为三个类型。第一类为北部区的中、东部，即西沙、中沙、东沙三群岛及其间的海域，处于我国的实际有效管辖区。部分地区越南声称有主权，但有海南—西沙—中沙的屏障，对我油气勘探的干扰程度较小。该区东沙群岛以东（地质上称台西南盆地）的地区主要由中国台湾当局管辖。第二类为地貌较复杂的南部区。其主体南沙群岛地区水深在千米之内，有多处岛、礁，其最大岛太平岛为中国台湾当局管辖。南沙群岛南侧（南沙海槽）和西侧水深多在1 000～3 000米间，再向南则过渡为包括曾母暗沙的大陆架。该区为多国主权声索重叠区，不少岛、礁为邻国侵占。第三类为邻近越南的海域，越南当局正强化对该区的占领和开发,在其油气产量出现下降的背景下,必对我在南海断续线内侧的勘探开发做强烈的干扰。

所以,目前应积极加强南海深水区的勘探,积极研究尽快实施南海有争议区油气资源共同开发的具体方案。在积极发展中国与东盟自由贸易区(10＋1)经济合作的框架下、在对双方互利条件下发展与东盟各国在南海以外地区的油气合作,也会有助于缓和南海的紧张形势并促进其合作勘探开发。

(6)强化渔业谈判协作,整合南海区域海洋旅游资源,尽快开辟南海海洋风光为主体的环南海旅游专线。海洋旅游产品是南海地区最具有特色和发展优势的旅游产品,长期以来受到国家的高度重视。在海洋旅游方面,应重点发展滨海度假旅游、海洋观光旅游、海岛旅游、邮轮旅游、游艇旅游、海上运动旅游等。加强旅游基础设施建设,逐步开通空中、海上旅游航线。在特殊海洋生态景观、历史文化遗迹、独特地质地貌景观及其周边海域或海岛建立海洋公园,范围涵盖现有珊瑚礁、海鸟、海洋生物、海洋历史遗迹等海洋自然保护区,统一规划、分区管理,适度开发潜水、垂钓、海底观光、海上休闲运动等旅游产品,打造世界级海洋探奇景观区,实现海洋生态保护和旅游开发的有机结合。将南海建设成为全国海洋旅游示范基地,塑造中国海洋旅游的"南海旅游"品牌,开辟南海海洋风光为主体的环南海旅游专线。

(7)以中国和东盟为协作主体,成立南海开发风险基金,促进南海海洋开发。例如,南海渔业的开发,长期以来缺乏资金扶持。渔业有高风险、季节性、竞争充分和市场分散的特点。在我国,中小企业众多,全国几乎没有一家规模化的海洋渔业产业集团,大多存在规模小、产业链不完善、抗风险能力差、技术含量低的问题。尤其是在南海,渔民大多自发组织,三五成群,自生自灭,导致能去、敢去南海作业的船只越来越少。作为高投入的产业,渔业对资金的需求很大,远洋渔业、深加工、养殖池塘标准化、渔民小额信贷和海洋基地建设都和金融分不开。这一行业对金融的需求渗透在产业链的每一环。在海洋捕捞环节,购船、船舶修缮及改装、出海燃油、人工费用、贸易类流动资金方面都有强烈的融资需求。在海水养殖业中一些固定资产投入和流动资产投入会产生金融需求,水产加工及销售业中,资金需求则主要体现在了固定资产购置、生产规模扩大、日常流动资金周转环节及门店开立经费不足上。在水产冷链物流行业中,项目贷款、冷藏运输车辆贷款和经营型资金需求也有待资金对渔业企业的支持。不仅是渔业,南海油气勘探、旅游开发等也都需要资金支持,因此以中国和东盟协作为主体,成立南海开发风险基金是当前区域协作的重点。

(8)以北部湾为核心,启动南海蓝色经济区示范区的规划、合作谈判等工作。

图4-1 南海风光与渔业生产

注:来自"陵海洋与渔业局开展清理赤岭湾定置网联合执法"南海网 http://lingshui.hinews.cn/system/2012/12/25/015281126.shtml。

5 构建南海蓝色经济区的政策保障

5.1 保障机制

蓝色经济区是一个复杂的创新系统,强有力的保障机制可以提高其工作效率,确保蓝色经济区建设稳步推进。保障机制主要包括区域发展机制、区域竞争机制、投融资机制和制度化管理机制。

5.1.1 区域竞合机制

推进区域一体化发展是促进蓝色经济区内外互动和良性竞争的重要手段。当前,南海蓝色经济区一体化发展已成趋势,竞争与合作成为共识。但囿于体制,跨国家、地区和政治体制以及文化等诸多差异,区域发展仍然较难,实质性推进区域一体化发展仍然困难重重。特别是在陆海产业转移、跨区域产业协作、区间基础设施建设、节能减排、海洋环境保护等方面,没有合理完善的区域竞合机制,协调与合作成本将异常高昂。为此,一要实现规划的衔接,差异化定位各区域发展子规划;二要建立跨区域重大项目建设与协调机制,实现重大项目的跨区域统一规划和调度;三要探索建立跨区域重点领域互通的规范机制;四要不断完善跨区域协调联动机制。

5.1.2 区域发展机制

蓝色经济区建设面对的是一个复杂的海陆体系,蓝色经济区内部主体多元化,主体间关系的复杂性以及海陆之间客体的多变性,使得在蓝色经济区建设中的矛盾更加复杂,解决起来更加困难。目前,在南海地区,由于海洋管理体制不顺而导致在经济发展过程中还存在围填海过度扩张、海岸和近岸海域资源粗放利用、防灾减灾能力不强、海岸带开发过程中的当地居民再安置、海岸带开发过程中的历史与文化资源保护等问题,这些问题的解决有赖于在蓝色经济区建设过程中注重重点领域和关键环节的改革,在体制上理顺有关关系,积极推进行政重组,明确各蓝色经济区建设管理部门的职能,充分发挥其决策、组织、推进和评估作用;完善涉海部门之间的协作机制,密切配合、相互协作,统筹各方资源和力量,形成高效的蓝色经济区建设协作机制;建立完善目标责任体系,把目标任务分解落实到具体单位和人员,形成一级抓一级、层层抓落实的工作机制;借鉴天津滨海新区、河北曹妃甸等填海造地市场运作经验,成立填海造地或高涂整治公司,鼓励集中,限制分散;出台单位岸线投资强度、岸线使用标准规范、生态环境补偿办法等政策措施,提高建设用海门槛,限制分散粗放用海。

5.1.3 投融资机制

蓝色经济区是以海洋产业和临海产业为发展基础的,其产业的发展离不开投资。海洋开发是高风险、高投入的产业,伴随着南海海洋经济的快速发展,对投融资的需求也不断攀升。然而就现阶段的投融资机制来看,还存在有融资渠道单一、投资规模小、缺乏深度和广度等问题,要解决这些问题,需按照市场经济的要求,积极改革投融资体制,建立多元化的投融资体制。(1)发挥政府的主导作用。做好重大项目筛选与储备,选择产业集聚效应高、成长性好、支撑力强、环境友好的项目,为其提供金融支撑;加快构建蓝色经济区金融服务体系,逐步建立以政府投入为引导、企业投入为主体、财政金融支持、社会广泛参与的多元化海洋产业发展投资机制;按照国家产业政策和国家扶持资金投向,优先支持海洋优势产业和海洋高端产业的发展。(2)拓宽融资渠道。引导和鼓励社会资本、工商资本和国外资本参与海洋开发和高端产业发展;完善银企对接机制,搭建融资交流平台,优先向金融机构推介海洋高端产业项目,争取信贷资金支持;积极开拓资本市场,发展海洋产业投资基金,鼓励企业发行债券,支持有条件的企业尽快上市,等等。

5.1.4 制度化管理机制

良好的制度可以降低交易费用,提高工作效率,提供有利于市场经济发展的环境。良好的制度供给不仅能够降低不确定性造成的交易成本,而且可以发掘区域资源,增加知识外溢,鼓励创新行为和促进经济增长。建设蓝色经济区需要合理的制度化管理机制,这就要求改革和完善现有的管理机制与制度,建立适合蓝色经济区发展的制度体系:(1)正式制度。健全海洋管理法规体系,引导和规范海洋开发行为;制定海洋环境保护条例、港口管理条例等地方性法规,修订完成近岸海域环境保护规定;严格海洋功能区划制度、海域权属管理制度以及海域有偿使用、港口岸线和沿海滩涂使用制度,理顺海域审批管理权限,规范海域使用秩序;加大海洋执法力度,搞好海域使用监督管理、海洋环境保护、海洋权益维护和海洋开发服务。(2)非正式制度。加大宣传力度,强化全社会的海洋意识和蓝色经济意识,增强合理保护、有序开发海洋资源的观念,避免走发展—污染—治理的老路;引入新的管理理念,以生态管理和公共管理的视角建设蓝色经济区。

5.2 提高政府在蓝色经济区建设中的管理效力

市场作用机制注重的是企业层面微观资源的优化配置,无法实现地区内资源的整合优化配置和生态环境资源的保护性开发。蓝色经济区在地理范围上打破了行政地理界限,进入一个地区统筹发展的阶段和保护性阶段。通过产业布局的区域优化规划,以期实现蓝色经济区范围内的产业合作,实现产能最大化。

要建设蓝色经济区,政府首先就要从蓝色经济区的整体建设的客观情况进行充分的调研分析,运用战略管理的思维,从国家经济建设的大局出发,统筹考虑蓝色经济区在国家经济建设中的地位,确定蓝色经济区的基本功能,并结合蓝色经济区内各地区的实际,将基本功能进行科学分解,形成蓝色经济子功能体系,明确内部各地区的子功能定位,实现地区间的错位优势均衡发展,防止在蓝色经济区建设中可能出现的无序发展和功能错位问题。在具体的战略制定上,各级政府要根据国家和省级政府的发展规划,打破行政间的利益,增强相互协作,实现在蓝色经济区建设中的共赢效果。在市场机制的作用下,政府不能直接干预企业的生产经营,但有必要明确企业的进入标准,并对企业的发展战略进行宏观上的调控,以减少企业为了自身经济利益而出现不利于蓝色经济区的整体发展的行为。

5.3　法律体系保障

区域开发和协作需要完善的法律保障。国内,我国要在现有的涉海法律法规的基础上参照国际先例,制定和完善相应的法律法规,规范海洋经济行为,指导和引领区内经济协调发展。国际层面,在遵照历史事实和海洋法公约等国际法规的基础上与南海周边国家展开双边和多边商谈,尽快达成共识,签订相关协作协议,为促进南海蓝色经济区的健康发展扫清障碍。

5.4　国际海洋公约与我国海洋主权

《联合国海洋法公约》是一部重要的国际海洋法,对于解决国际海洋争端起重要的作用,对于其内容、适用范围、法理出处和使用解释都应当认真学习和研究,同时,我们必须认识到基于主权是国际海洋法的立法基础和依据。南海周边各国在签署或适用各项条约和国际法时应当遵守主权优先原则,尽量避免对中国主权的侵犯。例如:依据国际法理惯例"法不溯及既往"原则探讨我国对南沙群岛的主权的问题就具有重要的代表意义。

所谓"法不溯及既往"就是指不能用今天的规定去约束昨天的行为;换言之,在新法颁布前人们的法律行为应当或只能按照旧法来调整。

"法不溯及既往"原则最早可追溯到古罗马时期,"用以确定因法律的变更而引起的新旧法律在时间上的适用范围问题"。

在古罗马法中有一条重要原则:"法律仅仅适用于将来。"这一法则同古典自然法学派代表人物托马斯·霍布斯的观点并行不悖,他认为,在行为发生之后所指定的任何法律都不使之成为罪行。这行为如果是违反自然法的,那么法便成立在行为之前,至于成文的法则在制定之前无法让人知道,因此也就没有约束力。

根据"法不溯及既往"原则,南沙群岛是中国的固有领土而非"无主地",因此根据"主权优先原则",南海周边诸国适用《联合国海洋法公约》确定其"专属经济区",不能扩及或损害中国对南沙群岛的主权和相关海洋权益。

5.5 尽快研究我国海洋发展战略

近来,海洋问题持续升温。从亚太地区看,中国与日本、越南、菲律宾、马来西亚等国在东海和南海的争端纠纷此起彼伏。从全球范围看,北冰洋沿岸的俄罗斯、美国、加拿大、丹麦、挪威等国围绕极地主权和战略通道加紧角力,印度洋索马里海域的海盗依然威胁经过红海亚丁湾和阿拉伯海的海上通道的安全,越来越多的国家在海洋战略上动作频频。南海海域是国际重要航道所在,关乎许多国家的安全和经济发展,且该海域蕴藏着极为丰富的资源,海洋经济成为各国关注的焦点,近年来南海海域争议不断,强大的海军力量是维护国家利益、确保自身有利地位的硬实力。

一个海洋大国和海洋强国一定要有自己完整清晰的海洋发展战略,我国当务之急是尽快组织专家力量,研究制定适合我国的国家的海洋发展战略,把南海蓝色经济区纳入国家海洋战略的框架之中。

5.6　建立健全专门管理机构和金融机构

南海蓝色经济区其主体产业是海洋,涉海产业投资大,风险高,涉及部门广,单靠单一的投资主体难以承担南海资源的开发。目前,存在多头管理效率低下的问题,应考虑设置专门的管理机构统一行使南海海洋资源开发的管理权,能在跨省域、跨地区、跨部门的南海经济区中形成有效的管理、协调,统一区域规划、战略制定、产业定位和布局。探讨多层次、多形式的投融资体制,考虑设立南海开发专业银行和基金,形成政府主导、多方面参与、跨国联合的开发机制。

5.7　蓝色经济区地区统筹协同发展的管理战略

一方面,要从总体上进行分析,对蓝色经济区的功能进行科学定位,并根据地区的资源优势,合理确定各子经济区的功能,尽可能发挥地区的资源优势,将地区利益损失降到最低;另一方面,要从动态发展的角度,对各地区的功能定位进行动态调整,并以规章制度等形式确定下来。随着我国新的蓝色经济区的建设规划,当存在超越省级机构的蓝色经济区时,需要国家中央政府承担起总协调人的作用,充分利用各地区的资源优势,实现更加宽泛的蓝色经济开发区,促进区域内的经济协调发展,为构建社会主义和谐社会在经济上提供有力的支持。

6 蓝色经济示范区

南海蓝色经济区的构建是一项长期复杂的系统工程,可以选择条件成熟的局部区域建立具有示范作用的先行区,为南海蓝色经济区的构建积累经验和提供示范引导。

环北部湾地区面临广阔的海洋,资源丰富,是未来最具开发潜力的区域,环北部湾经济圈包括广东省的雷州半岛、海南省的西部、广西壮族自治区的南部沿海和越南北部沿海地区,即"二国四方"。北部湾地区位于南亚热带和热带地区,海洋和陆域资源如土地、气候、矿产、石油、渔业、水产等资源都很丰富。

北部湾具备先行区的以下条件。首先,我国和越南关于北部湾的海上划界已经完成,不存在海权争端问题。其次,北部湾沿海区域有较好的海洋发展基础和交流体制,我国已经把泛北部湾区域上升为国家发展战略,越南同属环北部湾经济圈,目前也实行改革开放政策,并以我国为师,重点学习珠三角的经验,已取得了一定的成就。越南同本区的资源、产品、市场等互补性强,其粮食、木材、海产品、农副产品、煤和石油为我方所需;而我方的建筑材料、轻工产品、家用电器、生活日用品和成套机械设备是越南所需。最后,北部湾沿岸是我国欠发达地区,通过实施蓝色经济区战略,可以带动当地经济发展,也是我国西部开发战略的重要组成部分。

建立区域合作协调机构,建立环北部湾经济合作区,首先要建立一个合作协调机构。建议由国务院指定国家计委和海洋局牵头组织,由广东、广西、海南三省区的有关地区负责人参加成立环北部湾经济协作区领导小组,建立中越北部湾海洋发展协调小组,并设立相应的工作机构,其具体职能主要有:参与区域规划的制订和实施;由该机构牵头,成立专门的区域规划领导小组;组织专家、学者对区域进行研究和规划,使该区域协调有序发展;处理区域日常的事务;处理有关区域日常事务,包括处理日常工作、检查协作项目、组织经验交流和项目考察、收集和传递经济技术信息、提供经济技术服务,以及筹备区域合作的定期会议,等等。环北部湾经济协作区,必须加强与其周围地区的联系与合作,特别是同越南和我国大西南地区,该机构有责任来促进本区与上述两个地区的交流与合作,以推动本区的发展。

为了促进区内快速、协调、有序发展,增强其在大区域中的竞争力,首先必须认真地制定合理的区域规划。建议由协作区的协调组织牵头,成立区域规划领导小组,在对现状条件进行调查和研究的基础上,开展区域发展战略、资源开发利用、各产业发展与布局、城镇发展与城镇体系规划、基础设施网络组织、环境治理和保护等的研究和规划布局。目前,本区的经济以农业为主,工业也有一定的基础,包括汽车、家电、化工、轻纺、制糖、冶金、食品、建材等行业。但没有形成完备的体系,产业发展与布局要围绕其港口优势,重点发展临海工业和海洋产业,以北部湾丰富的油气资源,发展石油化工、电力、冶金、建材等重化工业,利用海洋资源开展海洋油气资源开发,同时发展海水养殖、海产品加工、滨海旅游等为内容的海洋产业,依托区内的重要城市,合理布局各类产业。

在国际上,本区处于东亚和南亚这两个当今世界经济增长较快的经济板块间的经济低谷,随着世界经济重心东移和区内改革开放的深入,将面临一个经济崛起的大好机遇,但同时又面临越南发展所带来的挑战;在国内,是大西南与国际上联系的出海通道,又是沟通我国东、西部的桥梁。所以,本区域发展战略的确定,要站在大区域的高度,面向 21 世纪,实现区域经济一体化,产业结构优质化,对内对外交通网络化、立体化,经济发达,人民生活富裕,环境优美,成为中国、亚洲乃至世界的经济增长点。

参考文献

[1] Allen Consulting. The economic contribution of Australia's marine industries—1995 – 96 to 2002 – 03[R]//A report prepared for the National Oceans Advisory Group. Australia: The Allen Consulting Group Pty Ltd, 2004.

[2] Aniruth J. , Barnes J.. Why Richard Bay grew as an industrial center: lessons for SDIs[J]. Development Souther Africa, 1998, 15(5).

[3] Ganesan N.. ASEAN's relations with major external powers[J]. Contemporary Southeast Asia: A Journal of International & Strategic Affairs, 2000, 22 (2).

[4] Amitav Acharya. Constructing a Security Community in Southeast Asia: ASEAN and the problem of regional order[J]. London: Rout ledge, 2001.

[5] Xu S. A.. The intension of the 9 intermittent national boundaries in the South China Sea [J]. Proceedings of Seminar on the Problems and Predictions of South China Sea in the 21st Century, 2001: 77 – 83.

[6] Paul de Grauwe. The economics of monetary integration[M]. Oxford University Press,1997:56 – 73.

[7] Ladoucette VD.. Security of supply is back on agenda [J]. Middle East Economic Survey,2002(11):18.

[8] Anderson J. ,Wincoop E.. Gravity with gravitas: a solution to the border puzzle [J]. American Economic Review,2003(93): 170 – 192.

[9] Baier S. , Bbrgstrand J.. Do free trade agreement actually increase members international trade [J]. Journal of International Economics,2007

（71）：172－198.

［10］Stainier A.. The Blue Economy as a key to sustainable development of the St. Lawrence［J］. Le Fleuve, 1999, 10(7)：1－3.

［11］冯瑞. 蓝色经济区研究述评［J］. 东岳论丛,2011,32(5):189－191.

［12］李靖宇,杨健.关于创建南海北部海洋经济强势区域的策略［J］. 港口经济, 2007,1:45－49.

［13］韩立民,孟月娇.蓝色经济区的运行机制及保障措施研究［J］.青岛行政学院学报,2011,2:5－11.

［14］张尔升.南海资源开发的区域合作模式研究［J］.浙江海洋学院学报,2007, 4:7－12.

［15］李馨.中国—东盟自由贸易区旅游合作探析［J］.经济纵横,2012(4): 34－38.

［16］国家海洋局网站.

［17］金花,李勇军.国内外主要沿海经济区发展的基本经验及启示［J］.青岛行政学院学报,2011(2):19－24.

［18］李洁宇.《联合国海洋法公约》在南海争端中的效用及中国对策［J］.太平洋学报,2013,5:14－24.

［19］任念文."中国南海"范畴及我国行使主权沿革考［J］.太平洋学报,2013,2: 85－99.

［20］于文金,邹欣庆,朱大奎.南海经济圈的提出与探讨［J］.地域研究与开发, 2008,2:6－12.

［21］魏达志.东盟经济一体化进程与发展趋向［J］.开放导报,2007,4:37－41.

［22］曹文振,闵贞圭(韩国).韩国海洋发展战略研究［J］.中国海洋大学学报(社科版),2014,2:1－8.

［23］于文金,邹欣庆,朱大奎,张永战.南海开发与中国能源安全问题研究［J］.地域研究与开发,2007:6－13.

［24］张海琦,李光辉.TPP背景下中国参与东亚区域经济合作的建议［J］.区域

合作,2013,3:23-26.

[25] 刘雪莲,曲恩道.奥巴马政府积极介入南海问题的层次性动因分析[J].南海问题研究,2013,4:39-46.

[26] 葛红亮.东盟在南海问题上的政策评析[J].外交评论,2012,4:66-81.

[27] 张贵洪,唐杰.东南亚地区安全与中美关系[J].中外关系,2004,6(6):54-62.

[28] 任远喆.东南亚国家的南海问题研究:现状与走向[J].东南亚研究,2013(3):41-50.

[29] 孙学峰.东亚准无政府体系与中国的东亚安全政策[J].外交评论,2011(6):32-49.

[30] 余华川.对新世纪中国周边安全环境与安全战略的思考[J].世界经济与政治论坛,2013(5):78-83.

[31] 荆林波,袁平红.对中国贸易发展战略的思考[J].中国流通经济,2012(10):55-61.

[32] 柯昶,刘琨,张继承.关于我国海洋开发的生态环境安全战略构想[J].中国软科学,2013(8):16-26.

[33] 李靖宇,张晨瑶,任洨燕.关于中国面向世界建设海洋强国的战略推进构想[J].经济研究参考,2013(20):10-22.

[34] 全毅.国际经济环境的演变趋势与我国经济转型[J].世界经济与政治论坛,2012,4:45-60.

[35] 曾勇.国内南海问题研究综述[J].现代国际关系,2012,8:58-66.

[36] 孙运宝,赵铁虎,蔡峰.国外海域天然气水合物资源量评价方法对我国的启示[J].海洋地质前沿,2013,1:27-36.

[37] 蒋利龙.海峡两岸在南海问题上的合作研究[J].哈尔滨学院学报,2013,8:31-37.

[38] 龙云安.基于中国—东盟自由贸易区产业集聚与平衡效应研究[J].世界经济研究,2013(1):81-90.

[39] 慕子怡.论ECFA框架下争端解决机制的构建[J].暨南学报(哲学社会科学版),2013(1):69-76.

[40] 金永明.论海洋法解决南海问题争议的局限性[J].国际观察,2013(4):46-52.

[41] 赵国军.论南海问题"东盟化"的发展[J].国际展望,2013(2):85-104.

[42] 金永明.论南海资源开发的目标取向:功能性与规范性[J].海南大学学报人文社会科学版,2013,7:1-6.

[43] 陈丙先,许婧.马来西亚官方对南海争端的立场分析[J].南洋问题研究,2013,3:87-93.

[44] 曲恩道.南海地缘政治形势发展的动因[J].太平洋学报,2013,4:46-58.

[45] 胡浩,葛岳静,胡志丁.南海问题的大周边地缘环境[J].世界地理研究,2012,9:36-45.

[46] 惠耕田.南海问题国际化的多层次动因[J].战略决策研究,2013(2):16-37.

[47] 王联合.南海问题新趋势及前景探析[J].南洋问题研究,2012(4):38-47.

[48] 钟飞腾.南海问题研究的三大战略性议题[J].外交评论,2012(4):21-38.

[49] 李国选.南海问题与中国经济安全[J].武汉理工大学学报(社会科学版),2007:291-297.

[50] 居占杰,李平.南海油气资源开发研究[J].技术经济与管理研究,2013(10):101-106.

[51] 罗太敏.浅谈南海问题与我国国家安全[J].中国—东盟博览,2013(04):170.

[52] 徐志斌,牛增福.海洋经济学教程[M].北京:经济科学出版社出版,2003:142.

[53] 姜秉国,韩立民.山东半岛蓝色经济区发展战略分析[J].山东大学学报,2009(5):92-96.

[54] 侯英民.蓝色经济:科学发展观的理论新拓展和实践新领域[J].齐鲁渔业,

2009(9):1 - 2.

[55] 林强.蓝色经济区理论与实证研究[M].经济科学出版社,2010.

[56] 陈明宝,韩立民.蓝色经济区建设的运行机制研究[J].山东大学学报(哲社版),2010(4):83 - 86.

[57] 张开城.中国蓝色产业带战略构想[J].时代经贸,2008(6):11 - 16.

[58] 焦永科.21 世纪美国海洋政策产生的背景[N].中国海洋报,2005 - 6 - 3(4).

[59] 禹颖子.韩国沿海经济发展战略值得关注和借鉴[J].决策咨询通讯,2007(1):76 - 77.

[60] 杨万钟.经济地理学导论(修订三版)[M].上海:华东师范大学出版社,1992:206.

索　引

图书在版编目(CIP)数据

中国南海蓝色经济区的构建与探讨 / 于文金,邹欣庆
著. 一 南京：南京大学出版社,2015.11
(南海文库 / 朱锋,沈固朝主编)
ISBN 978 - 7 - 305 - 16057 - 8

Ⅰ. ①中… Ⅱ. ①于… ②邹… Ⅲ. ①南海－海洋经
济－经济发展－研究 Ⅳ. ①P74

中国版本图书馆 CIP 数据核字(2015)第 256766 号

出版发行　南京大学出版社
社　　址　南京市汉口路 22 号　　　　邮　编　210093
出 版 人　金鑫荣

丛 书 名　南海文库
书　　名　**中国南海蓝色经济区的构建与探讨**
著　　者　于文金　邹欣庆
责任编辑　孙　伟　李鸿敏　　　　编辑热线　025 - 83593947

照　　排　南京南琳图文制作有限公司
印　　刷　南京大众新科技印刷有限公司
开　　本　718×1000　1/16　印张 8.5　字数 114 千
版　　次　2015 年 11 月第 1 版　2015 年 11 月第 1 次印刷
ISBN 978 - 7 - 305 - 16057 - 8
定　　价　40.00 元

网址：http://www.njupco.com
官方微博：http://weibo.com/njupco
官方微信号：njupress
销售咨询热线：(025) 83594756